U0200220

北京城垣建筑
结构检测与保护研究

（第一辑）

张　涛　著

学苑出版社

图书在版编目（CIP）数据

北京城垣建筑结构检测与保护研究.第一辑/张涛著.—北京：学苑出版社，2020.10

ISBN 978-7-5077-6040-8

Ⅰ.①北⋯ Ⅱ.①张⋯ Ⅲ.①城墙—古建筑—保护—研究—北京 Ⅳ.① K928.77

中国版本图书馆 CIP 数据核字（2020）第 193756 号

责任编辑：周 鼎 魏 桦
出版发行：学苑出版社
社　　址：北京市丰台区南方庄 2 号院 1 号楼
邮政编码：100079
网　　址：www.book001.com
电子信箱：xueyuanpress@163.com
联系电话：010-67601101（营销部）、010-67603091（总编室）
印 刷 厂：英格拉姆印刷(固安)有限公司
开本尺寸：889×1194　1/16
印　　张：18.75
字　　数：252 千字
版　　次：2020 年 11 月第 1 版
印　　次：2020 年 11 月第 1 次印刷
定　　价：360.00 元

编著委员会

主　编：张　涛

副主编：钱　威　杜德杰　沈　健　朱兆阳

编　委：姜　玲　胡　睿　王丹艺　居敬泽　房　瑞
　　　　夏艳臣　付永峰　张瑞姣　陈鹏飞　赵晋军
　　　　刘　恒　蔡新雨　刘易伦

目录

第一章　德胜门箭楼结构安全检测

1. 德胜门概况

1.1 历史沿革

德胜门箭楼位于北二环西段，今德胜门立交桥北侧，是明、清北京内城北城墙上著名的"兵门"。

德胜门是北京内城的九座城门之一，建造于北城墙的西侧，历史上有军队出征时"出安定，进德胜"之说，是希望能够以仁义之师安定边疆，以德胜之师凯旋回朝。德胜门原来由城楼、瓮城和箭楼等组成，现仅存箭楼及瓮城部分垣墙。城楼是城市的通道，箭楼在城楼之前，是护卫城门的军事防御设施。

德胜门箭楼建于明正统元年至四年（1436年～1439年）。明正统十四年（1449年）八月兵部尚书于谦率军与蒙古瓦剌军队在德胜门外激战，击毙了其首领也先的弟弟，大获全胜。此后，明弘治、嘉靖、隆庆、万历、天启等朝及清代的顺治、康熙、雍正、乾隆、嘉庆、光绪等朝均对德胜门箭楼进行过不同程度的修建。清康熙十八年（1679年）北京发生大地震，德胜门箭楼毁坏严重，曾落架重修。1900年曾被八国联军破坏，光绪二十八年（1902年）修缮。1921年德胜门城楼因梁架朽坏而被拆除，后又拆除了大部分瓮城，在城九门中率先被拆除，仅存城台和前面的箭楼。1951年，国家曾拨专款修缮了残破的箭楼。1955年城楼的城台被拆除。1976年唐山地震，箭楼外檐及部分砖墙倾圮，1980年6月按原建筑形制进行全面重修。1992年，在德胜门瓮城内（原址上）复建了真武庙，分东、中、西三院。中院分布正殿、东西配殿及钟鼓楼，东殿及西殿分别位于东、西院北侧。德胜门箭楼是明清北京城的重要城防工程之一，也是著名的重要历史建筑遗存，1993年开辟为北京古代钱币博物馆至今。

2006年，德胜门箭楼被公布为第六批全国重点文物保护单位。

1.2 建筑形制

德胜门箭楼矗立于瓮城之上，瓮城平面为长方形，东西宽约 70 米，南北长约 117 米，城墙东南、西南二内角两隅各辟一券门（后改）为登城入口，门内设值房三间，房两侧建有登城马道，为双环三层形式。城台北侧修筑雉堞，城台南面筑有一米多高女儿墙，城台中央靠北侧建有箭楼一座，坐南朝北，重檐歇山顶，绿琉璃瓦剪边灰筒瓦屋面。前为正楼，面阔七间（29.77 米），进深两间（7.50 米），前楼后厦，九檩歇山转角，重檐起脊，后接庑座五间，四檩单坡顶。前楼后厦合为一体，平面呈倒"凸"字形。檐下施以单昂单翘五踩斗栱，上檐枋额、角梁、斗栱都绘以旋子彩画，是典型的清宫式建筑。箭楼上下四层，每层都辟有箭窗，楼正身北侧每层 12 个，计 48 个，东、西两侧每层辟四个，计 16 个，加之庑座东、西各一个，共计辟有箭窗 82 个。作为射击的窗孔。

1992 年，在德胜门瓮城内（原址上）复建了真武庙，分东、中、西三院。中院分布正殿、东西配殿及钟鼓楼，东殿及西殿分别位于东、西院北侧，文物库房则为后期添建。

德胜门箭楼

庙门位于瓮城南侧围墙正中，面阔一间，单檐硬山顶，灰筒瓦过垄脊屋面，双扇红漆板门。

正殿位于中院北侧，坐北朝南，单檐歇山顶，灰色筒板瓦，面阔三间，进深九檩，前出六檩悬山顶卷棚抱厦一间，檐下施以单翘单昂五踩斗栱，木构架绘旋子彩画。

东、西配殿位于正殿东、西两侧，单檐硬山顶，筒瓦过垄脊屋面，面阔六间，进深七檩，前出廊，木构架绘有雅伍墨彩画。

钟、鼓楼位于真武庙中院配殿南侧，悬山顶，二层，灰色筒板瓦，面阔一间，木构架绘绘雅伍墨彩画。

东、西殿位于真武庙东院、西院北侧，坐北朝南，单檐硬山顶，筒瓦调大脊屋面，面阔三间，进深七檩，前出廊，木构架绘雅伍墨旋子彩画。

1.3 价值

德胜门箭楼是明清北京城的重要城防工程之一，也是著名的重要历史建筑遗存。它的建筑形式、建造方法和周密严谨的规划设计，成为研究古代都市布局城防设施、明代建筑营造工程以及北京城市发展史重要的实物资料。

2. 检测鉴定内容与依据

2.1 检查鉴定内容

本次检测鉴定内容为：全面检查建筑主体结构和主要承重构件的承载状况；查找结构中是否存在严重的残损部位；采用多种方式、手段进行检测，最后根据检查结果和相关检测数据，评估在现有使用条件下，结构的安全状况；并提出合理可行的维护建议。具体检测鉴定内容包括以下 8 部分：

（1）常规工程检测鉴定；

（2）结构有限元模拟分析计算；

（3）地基基础探查；

（4）脉动法测量结构振动性能；

（5）雷达探测结构内部构造；

（6）木构件树种鉴定；

（7）木构件安全无（微）损检测；

（8）建筑图补测。

1.2 检查鉴定依据

（1）《古建筑木结构维护与加固技术规范》（GB50165-92）；

（2）《古建筑结构安全性鉴定技术规范第1部分：木结构》（DB11/T1190.1-2015）；

（3）《砌体工程现场检测技术标准》（GB/T50315-2011）；

（4）《古建筑防工业振动技术规范》（GB/T50452-2008）；

（5）《建筑结构检测技术标准》（GB/T50344-2004）；

（6）《砌体结构设计规范》（GB50003-2011）；

（7）《建筑抗震设计规范》（GB50011-2010）；

（8）《民用建筑可靠性鉴定标准》（GB50292-1999）；

（9）《建筑抗震鉴定标准》（GB50023-2009）；

（10）《建筑结构荷载规范》（GB50009-2012）等；

（11）有关参考文献。

3. 德胜门箭楼结构安全检测鉴定

3.1 建筑概况

（1）建筑简况

德胜门箭楼位于内城北垣西侧，即今德胜门立交桥北侧，是明清北京城的重要城防工程之一，也是著名的重要历史建筑遗存。1979年德胜门被北京市政府公布为北京市文物保护单位，2006年被国务院公布为全国重点文物保护单位。德胜门箭楼建于明正统元年至明正统四年（1436年～1439年），后经多次不同规模的修缮。清康熙十八年（1679年）因京师地震，毁坏严重，曾落架重修。1900年曾被八国联军破坏，光绪二十八年（1902年）修缮。德胜门是北京内城的九座城门之一，是由城楼、瓮城和箭楼等组成的群体城防建筑，箭楼位于城楼前部，是护卫城门的军事堡垒，在城市的防御上起过重要作用。现仅存箭楼及瓮城部分垣墙。1951年国家曾拨专款修缮了残破的箭楼。

1976年唐山地震，箭楼外檐及部分砖墙倾圮。1980年6月按原建筑形制进行全面重修，以保持原有风貌，修缮时保留了箭楼西侧的一段瓮城城墙，使城台呈月牙形。近年来，不断对箭楼及城台进行了维修和加固修缮。

（2）现状立面照片

德胜门箭楼西立面

德胜门箭楼东立面

德胜门箭楼北立面

3.2 城楼检测

（1）主体结构

德胜门箭楼矗立于瓮城之上，坐南朝北，重檐歇山顶，绿剪边灰筒瓦屋面，前楼后厦合为一体，平面呈倒凸字形。北为正楼，面阔七间，南接后厦五间，进深两间。楼内结构主要是由高大的金柱、承重梁、穿插梁、枋等相互搭接，将立体空间分成上下四层，每层都辟有箭窗。建筑的主体承重结构采用木构架。

箭楼正楼脊檩下皮距地面 16.525 米。

该建筑明次间面阔相近，4.5 米～4.62 米之间，稍间 3.5 米，楼通面阔 30.06 米；主楼进深 7.45 米，后厦进深 6.66 米，通进深 14.11 米；金柱直径 700 毫米，其余边柱直径 460 毫米。

金柱与正楼边柱同高，柱顶标高约 13 米，南檐柱柱顶标高 8.38 米；正楼四层，后厦三层；各楼层横、纵楼盖梁与柱榫卯节点连接，形成双向木框架；木龙骨和楼板与梁结合形成整体楼层；楼的北檐柱与金柱支承抬梁构架组成的歇山屋顶，屋脊标高

15.840 米；厦的南檐柱与金柱支承抬梁构架组成的半坡屋顶。

根据节点外观推测，楼层梁与柱采用半榫节点，柱顶梁枋为燕尾榫。抬梁与柱顶搭接，顶层屋檐屋檐下有斗拱。

一层维护砖墙从基底沿檐柱砌筑至檐枋底面；二层维护砖墙支承在金柱一层柱额枋顶面，沿金柱砌筑至金柱二层柱额枋底面。建筑采用的柱础石、阶条石和压面石等均为质地坚硬的青白石。

根据城楼的实际情况，其结构安全性检测、鉴定工作按照：地基基础、主体结构和围护结构三个组项进行。

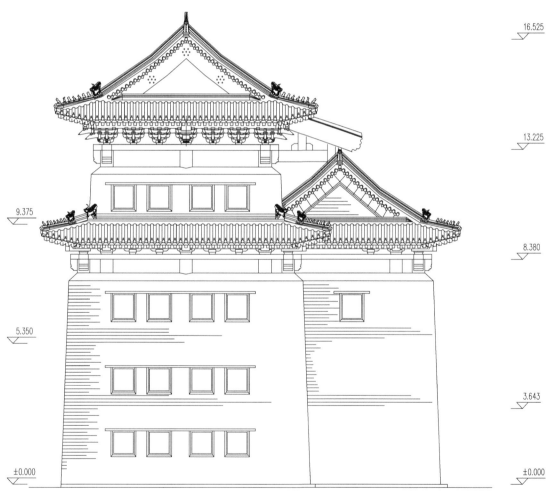

德胜门箭楼西立面测绘图

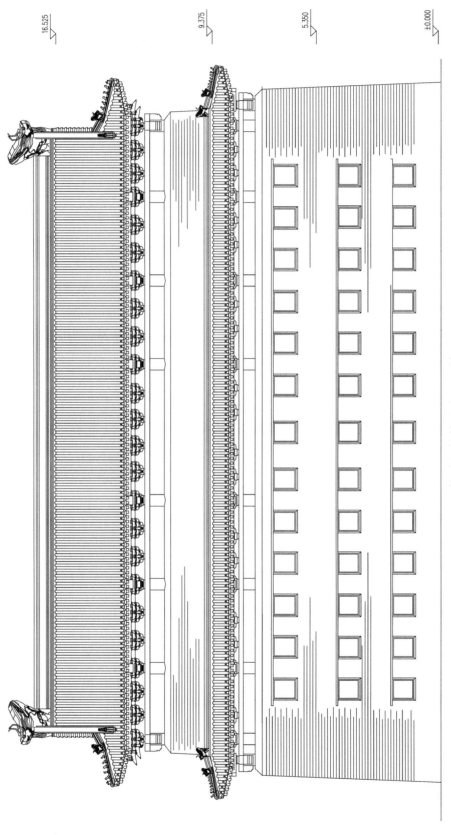

德胜门箭楼北立面测绘图

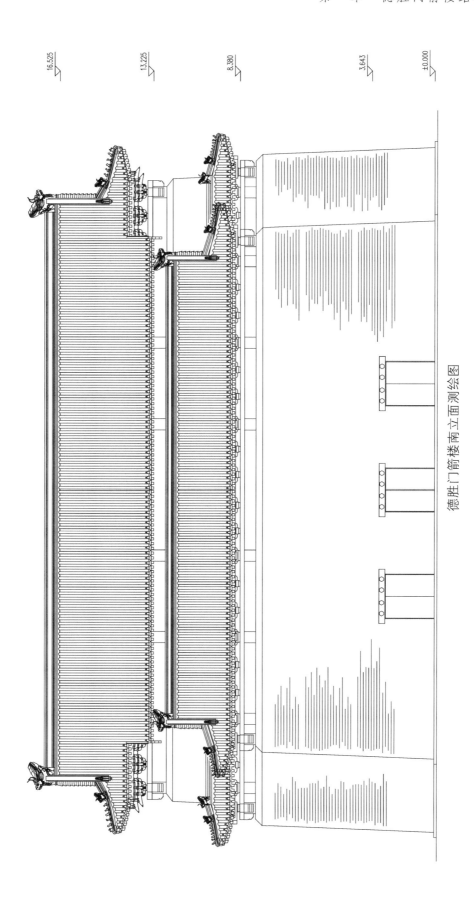

16.525

13.225

8.380

3.643

±0.000

德胜门箭楼南立面测绘图

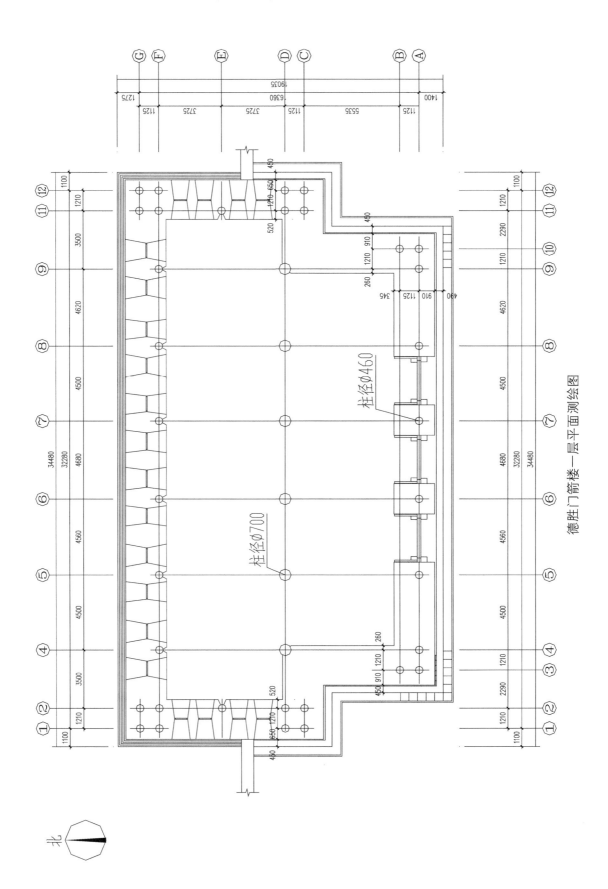

德胜门门箭楼一层平面测绘图

北
10

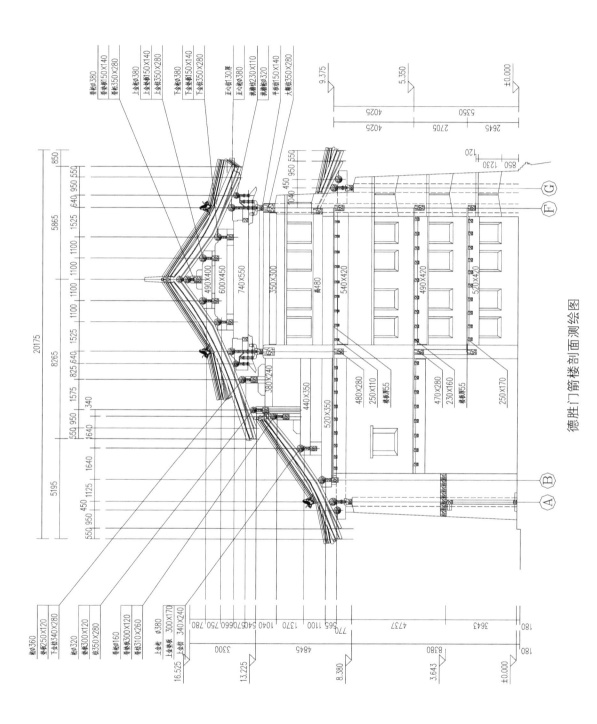

德胜门箭楼剖面测绘图

（2）地基基础承载状况

现场检查：基础台基和柱础石无明显沉陷、移位；砖石台基压边石无错动现象，地面砖铺放平整；上部木结构和围护砖墙无因地基基础不均匀沉降引起的倾斜、裂缝。表明在现有使用条件下，地基基础承载状况良好，无静载缺陷。

（3）构件承载状况检查

检查方法为：外观检查，接触探查和仪器测量。目的是查找已不能正常受力、不能正常使用或频临破坏状态的构件，即规范（GB50165-92）的残损点构件。

1）承重木柱残损情况的检查

直观和敲击检查了一层6根金柱和周边墙体中局部外露的大部分檐柱，重点检查了柱底的木质情况，检测结果如下：

承重木柱残损情况检查表

项次	检查项目	检查内容	现场检查结果
1	材质	（1）腐朽和老化变质 表层腐朽和老化变质； 心腐	无明显缺陷
		（2）虫蛀	无迹象
		（3）木材天然缺陷 在柱的关键受力部位木节； 扭斜纹或干缩裂缝	无明显缺陷
2	柱的弯曲	弯曲	无明显弯曲迹象
3	柱脚与柱础抵承状况	柱脚底面与柱础实际支承情况 （1）接触面积 （2）偏心受压状况	无明显缺陷
4	柱础错位	柱与柱础之间的错位	无明显缺陷
5	柱身损伤	沿柱长任一部位的损伤状况	无明显受力坏损迹象
6	加固部位现状	通柱原墩接的完好程度	无明显缺陷

残损点评定：承载木柱的受力状况正常，未发现残损点。

2）承重木梁枋残损情况的检查

直观和敲击检查了城楼木构架中露明的承重木梁枋的残损情况，重点检查屋顶抬梁和纵、横向联系梁的受力状况，检测结果如下：

承重木梁枋残损情况检查表

项次	检查项目	检查内容	现场检查结果	备注
1	材质	（1）腐朽和老化变质：表层腐朽和老化变质，心腐	无明显迹象	
		（2）虫柱	无迹象	
		（3）木材天然缺陷 在梁的关键受力部位，其木节扭斜纹或干缩裂缝	个别构件存在顺纹干缩裂缝	残损迹象
2	弯曲变形	（1）竖向挠度最大值	无明显挠曲迹象	
		（2）侧向弯曲矢高	无明显侧弯迹象	
3	梁身损伤	（1）跨中断纹开裂	无明显坏损迹象	
		（2）梁端劈裂（不包括干缩裂缝）	无受力或过度挠曲引起的端裂或斜裂	
		（3）非原有的锯口开槽或钻孔	未见	
4	历次加固现状		现状完好	

　　城楼各类承重梁枋构件的承载状况基本正常，没有产生明显的受力变形或截面承载力不足的现象。

　　残损点评定：

　　个别构件有木材干缩裂缝，但裂缝程度不严重，构件承载状况正常，不属于残损点。

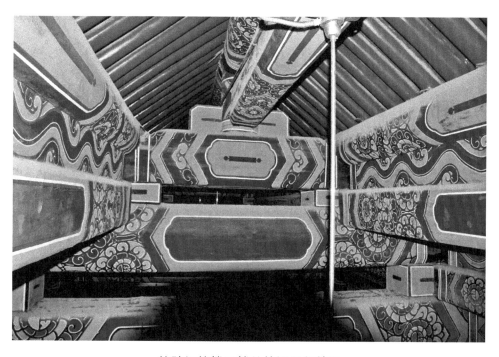

德胜门箭楼正楼的抬梁屋架情况

德胜门箭楼正楼西北角的抬梁屋架

德胜门箭楼后厦的半坡抬梁屋架情况

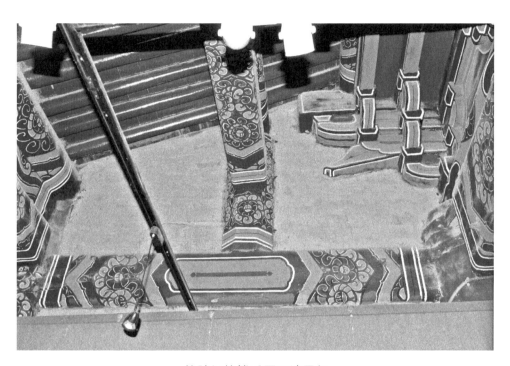

德胜门箭楼后厦西端屋架

德胜门箭楼后厦下檐屋架情况

3）楼盖结构中残损点的检查

检查了各楼层的楼盖结构，检查结果如下：

一层楼盖结构中残损检查表

项次	检查项目	检查内容	现场检查情况
1	楼盖梁	同承重梁要求	承载状况正常
2	栅（楞木）	材质	无承载缺陷
		竖向挠度	无颤动感
		侧向弯曲矢高（原木栅不检查）	承载状况正常
		端部锚固状况	支承长度不小于60毫米
3	楼板	木材腐朽及破损状况	无坏损迹象，楼盖保持原水平刚度

楼盖结构构件无明显残损迹象，承载状况正常。

德胜门箭楼楼盖结构（一）

德胜门箭楼楼盖结构（二）

4）屋盖和屋檐结构中残损点的检查

屋盖和屋檐结构的检查情况如下：

屋盖和屋檐结构中的残损检查表

项次	检查项目	检查内容	现场检查情况	备注
1	椽条系统	（1）材质	无成片渗漏雨和腐朽或虫蛀迹象	
		（2）挠度	无明显挠曲迹象，屋面无明显变形	
		（3）椽檩间的连系	连接良好	
		（4）承椽枋受力状态	无明显变形	
		（5）檐椽支承长度	无明显缺陷	
2	檩条系统	（1）材质	良好	
		（2）跨中挠度	檩条挠度承载状况正常，无明显下挠变形	
		（3）檩条支承长度 支承在木构件上＞60毫米	满足要求	
		（4）檩条受力状态	无明显缺陷	
3	瓜柱、角背驼峰	（1）材质	无腐朽或虫蛀	
		（2）构造完好程度	无倾斜脱榫或劈裂	
4	翼角、檐头、由戗	（1）材质	无腐朽或虫蛀	
		（2）角梁后尾的固定部位	无明显缺陷	
		（3）角梁后尾由戗端头的损伤程度	承载状况正常	
		（4）翼角檐头受力状态	尚无明显下垂	
5	望板	材质	正楼屋盖有局部渗漏水痕迹	残损迹象

屋盖和一层屋檐结构承载状况正常。

残损点评定：

①金柱南侧的屋盖望板有局部受潮的迹象。用钢针探查，木质腐朽情况尚不严重。望板受潮表明此处屋盖的防水性能差，属于残损点。

②屋盖东北翼角的琉璃瓦的角梁端头套兽松动，现只有一根铁钉拉结，有坠落危险，属于配件残损点。

德胜门箭楼屋檐

德胜门箭楼屋盖东北翼角

5）斗拱残损情况检查

一、二层屋檐下和屋盖结构下均设有斗拱层，整攒斗拱主要承受压力。各层斗拱构件无明显残损迹象，承载状况正常。斗拱及其组件的残损情况检查结果如下：

斗拱及其组件的残损检查表

项次	检查项目	检查内容	现场检查情况
1	整攒斗拱	明显变形或错位	承载状况正常
2	拱翘	折断	无坏损迹象
	小斗	脱落	无坏损迹象
3	大斗	明显压陷、劈裂、偏斜或移位	无坏损迹象
4	木材	腐朽、虫蛀或老化变质，并已影响斗拱受力	无坏损迹象
5	柱头或转角处的斗拱	有明显破坏迹象	无坏损迹象

（4）木构架整体性的检查

木构架整体性的残损检查表

项次	检查项目	检查内容	现场检测情况
1	榫卯完好程度	材质：榫卯已腐朽虫蛀	无坏损迹象
		坏损：已劈裂或断裂	无坏损迹象
		横纹压缩变形	无坏损迹象
2	横向构架（包括柱梁（枋）间连系）	构件连系及榫卯节点	个别节点有拔榫现象
3	纵向构架（包括柱枋间、柱檩间的连系）	构件连系及榫卯节点	个别节点有拔榫现象
4	局部倾斜	柱头与柱脚的相对位移	无明显残损
5	整体倾斜、变形	沿构架平面的倾斜	
		垂直构架平面的倾斜	无明显倾斜迹象

木构架的整体性现状良好。前次维修时采用拉结钢板加固了各构件节点，加固质量基本如初。

德胜门箭楼增设钢板连接加固的梁柱节点

德胜门箭楼增设钢板连接加固的檩端节点

（5）围护结构残损情况的检查及评定

1）砖墙

砖墙的残损情况检查结果如下：

砖墙残损检查表

项次	检查项目	检查内容	现场检查情况		备注
1	砖砌体质量	灰浆强度，砌筑质量	水泥砂浆、粘土砖砌筑砖墙，无施工质量缺陷		
2	砖的风化	在风化长达1米以上的区段	无风化迹象		
3	墙体倾斜	总倾斜量	无明显倾斜迹象		
		层间倾斜量			
4	裂缝	地基沉陷引起的裂缝	无		
		受力引起的裂缝	各墙面门均有已修补的裂缝痕迹		已加固残损点

砖墙的承载现状良好，但墙面有较多先前已修补的裂缝残损点。

残损点评定：有箭窗的墙面洞口上下有多道竖向裂缝痕迹，南墙面两端包柱部位和门洞角部也有竖向裂缝的痕迹。这些裂缝均已经过修补。

德胜门箭楼外墙南侧面西端裂缝痕迹

德胜门箭楼外墙南侧面门洞裂缝痕迹

德胜门箭楼外墙东侧面的裂缝痕迹

2）木质维护结构

木质围护结构主要有一、二层木门、窗，均使用状况良好。

3）砖瓦围护结构

各层檐顶和屋顶的瓦面和维护砖檐墙的外观状况良好。

（6）结构安全性鉴定

根据规范（GB50165-92）4.1.2条，结构的可靠性（安全性）鉴定应根据结构中出现的残损点数量、分布、恶化程度及对结构局部或整体造成的破坏和后果进行评估。1976年，唐山大地震中箭楼摇晃的很厉害，第四层砖墙大部分倒塌，东山墙面鼓闪裂缝，山柱倾斜变形，但大木骨架基本上完整无损。砖墙的裂缝可能与地震作用有关。北京市文物局1980年对震后的箭楼进行了全面的修缮。目前已修补的裂缝残损点没有新的坏损。由于这些裂缝直接影响结构的抗侧力性能，应注意长期观察其修补效果。

城楼的结构残损点汇总表

结构部位	检查项目		结构残损点	残损点危害程度
地基基础	基础变形		无	
	上部结构不均匀沉降反映		无	
上部结构	主要构件	承重木柱	无	
		承重木梁枋	无	
		一层楼盖结构	无	
		屋盖和屋檐结构	［1］金柱南侧主楼屋盖望板有潮湿迹象	影响耐久性
			［2］主楼屋面东北角梁套兽松动	坠落危险
		斗拱	无	
	木构架整体性	构造连接	无	
		结构侧向位移	无	
围护结构	砖墙		［3］已修复的裂缝残损点，无新坏损	修复效果影响结构抗震性能
	木门窗、封檐板		无	

城楼各结构部位中：地基基础无结构残损点；木结构中存在1种类型的结构残损点，1种构造性残损点；围护砖墙中有1种已加固残损点。在目前使用条件下，这些残损点不影响结构安全性。

按照规范（GB 50165-92）4.1.4条，箭楼的结构安全性鉴定为Ⅱ类建筑。残损点［1］已影响结构耐久性，残损点［2］有坠落危险，应及时进行维修。

3.3 城墙检测

（1）主体结构

城的占地尺寸为：长约 147.44 米，宽 52.95 米。墙高 12.6 米，墙顶宽约 20.73 米，墙面放坡约 1 : 7。墙外廓用古城砖退槎砌筑，内部构造不详。参考北京城墙的一般做法，砌体内是夯实的黄土芯墙。城墙的中部是城楼的城台，城台处墙向北扩宽 7.3 米。

（2）地基基础承载状况

老城城基础土质已经受了上部结构对其数百年的压密作用，现已很稳定。东、西两端后接砌的城墙现场检查：城墙底部墙基砌体无明显变形、移位；受力坏损的迹象；上部结构无因地基基础不均匀沉降引起的倾斜、裂缝。表明在现有使用条件下，城墙的地基基础承载状况良好，无静载缺陷。

（3）城墙砌体质量检查

检查方法为：外观检查，接触探查和仪器测量。目的是查找已不能正常受力、不能正常使用或频临破坏状态墙段。以下为城墙外墙面和顶面的检查情况。

1）城墙外墙面

老墙段的外墙面是粘土砖石灰浆砌体，古城砖尺寸为 470 毫米 × 230 毫米 × 120 毫米。墙面存在酥碱、风化，和多处局部剥落的现象。城台下的北墙面残损较严重，1980 年维修时，采用青灰抹浆面层保护加固了墙面，灰层厚度约 15 毫米，现已局部空鼓、剥落，大面积潮湿。城台底部东北部还有一段墙体存在陈旧性的鼓胀变形。

北城墙面存在 5 条竖向裂缝，城台以东有两条裂缝，城台以西有三条裂缝。

这些竖向裂缝的宽度和长度较大，属于结构残损点。裂缝 1、2 和 5 的位置是旧墙筑体与后修补新墙筑体交织的部位，裂缝可能出新旧墙碴口的扩展，裂缝 3、4 位于墙上部，可能与早期墙的鼓膨变形有关。这些裂缝的成因较复杂，结合全墙段的受力状况而言，均不属于承载力不足引起的坏损。这种裂缝影响墙体的整体性和耐久性。

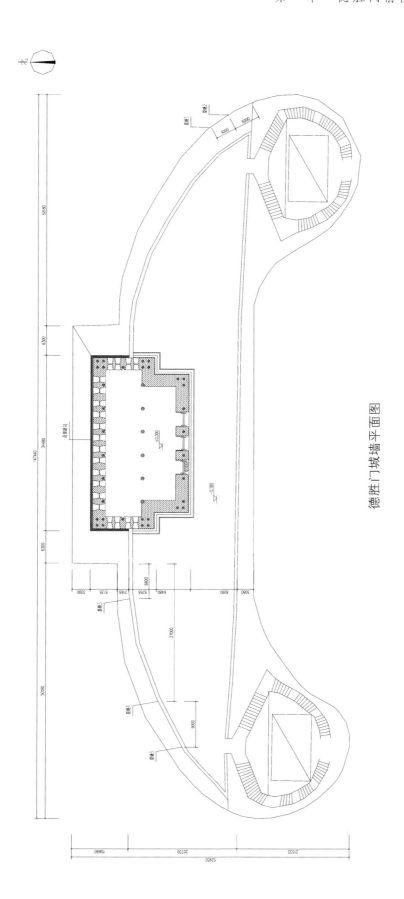

德胜门城墙平面图

德胜门箭楼城台北墙面

德胜门箭楼城台以东的北墙面裂缝（一）

德胜门箭楼城台以东的北墙面裂缝（二）

德胜门箭楼城台以西的北墙面裂缝（一）

德胜门箭楼城台以西的北墙面裂缝（二）

德胜门箭楼城台以西的北墙面裂缝（三）

　　城墙南外墙中段的外墙面曾经过大面积修补，现残损较轻。南外墙两翼墙体基本为后建，残损程度更轻。城墙南外墙结构无残损点。

德胜门箭楼城墙南外墙中段现状

德胜门箭楼南侧东翼墙

德胜门箭楼南侧西翼墙

2）城墙顶面

城墙顶部地面没有明显的沉降或鼓胀变形。主要存在的问题是原始地面做法被改变，防排水构造措施较差。墙顶渗水会使外墙面受损，影响城墙的耐久性。有条件时应进行全面的地面防水、排水改造措施的修缮。

3）城墙残损点状况检查评定结果

墙体残损点状况检查表

序号	墙体检查评定		部位		
			北墙墙面	南墙墙面	墙顶地面
1	砌体缺陷	残损	原墙面轻度风化、酥碱、反潮		
		评定	承载状况良好		
2	变形、位移	残损	无明显迹象		
		评定	良好		
3	裂缝	残损	北墙面有 5 条竖向严重裂缝		
		评定	残损点，影响墙体整体性和耐久性		
墙体安全性评级			B_u 级		

（4）德胜门城墙结构安全性评定

根据检查结果，参照《民用建筑可靠性鉴定标准》（GB50292-1999）评定城墙各子单元安全性评级如下：

德胜门城墙的结构安全性评级表

结构部位	检查项目		子单元安全性评级	存在问题
地基基础	基础变形		B_u 级	—
	上部结构不均匀沉降反映			
上部结构	组成部分	城墙墙面	B_u 级	存在 5 条较严重的非结构裂缝
		城顶地面		—
	整体性	构造连接	B_u 级	
		结构侧向位移		
围护结构	地面抗渗		B_u 级	墙顶防排水不畅
	墙顶排水			

根据上表各结构部位的安全性评定结果，该城墙的整体结构安全性评级为 B_{su}。北墙面的 5 条裂缝应修补加固。墙体表面后拆砌或挖补的部位，新砖与原墙的粘接、嵌固质量，不如原整体砌筑。经自然侵蚀，修补面层耐久性下降，可能会产生砖块松动、剥离，形成坠落隐患，应进行经常性检查处理。

3.4 加固维修建议

根据检测结果，建议采用以下加固维修措施。

（1）检查、维修正楼屋盖反潮痕迹处的屋面防水层。

（2）及时做好角梁套兽的可能坠落的防护工作，尽早加固套兽。

（3）从抗震考虑，已修补的裂缝有新的坏损，可在裂缝部位的砖墙灰缝中嵌入高强钢绞线，加强墙体的整体性。

第二章　蟠龙山长城病害检测

1. 建筑概况

本次勘察对象为位于密云区古北口镇的明代长城蟠龙山段一部分，该段长城为编号 307 号敌台、305-306 号敌楼边墙及 307-308 敌楼边墙。长城的管理使用单位是密云县文物管理所。

范围包括：

（1）敌台共 1 个：

307 号敌台，长城认定编码：110228352101170352

位于古北口镇约 1.28 千米东西向山脊上，东经：117°10′40″，北纬：40°41′45″，高程：360 米。

北京地区明长城分布示意总图

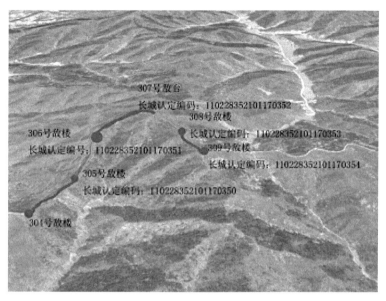

蟠龙山长城分布图

（2）边墙共2段，总长228.5米，分别为：

305～306号敌楼间边墙，长122.1米；

307～308号敌楼间边墙，长106.4米。

通过本次勘察在明确判明该段长城的残损状态、材质成分的情况下对其安全性进行评估，为抢救性修缮进行科学数据的支撑和参考。

本次检测的范围包括305-306号敌台间边墙、307-308号敌台间边墙以及307号敌台。

检测内容包括：1.长城重点残损风化部位与残损风化状态，2.边墙基础条件现状（周边沉降、地下土质疏松、空洞、塌陷情况）3.材料成分。4.模拟边墙安全性评估。

2. 现场勘查

2.1 区域地质构造

地质构造位置处于燕山纬向构造体系与祁吕—贺兰山字型构造体系东翼构造带及新华夏构造体系的交接部位。另外，境内还有北西向、北东向及南北向等构造体系，地质构造相当复杂，由它们组成的格架，控制着本区的地层建造、岩浆活动、地貌发育以及近期地壳活动。

古北口断层

古北口—长哨营断裂带是一条切割较深的断裂带，由一系列压性断层组成，成为燕山沉降带（与内蒙古台背斜）的北部边界。本断裂带东西延伸很远，向西与崇礼—赤城大断裂相连，向东可达平泉附近，规模十分可观。断裂带南北宽四至八千米，走向近东西，略成弧形。以大量大致平行的逆冲断层和挤压破碎带为主所组成，断层面的产状呈高角度倾斜并伴有飞来峰构造和地堑式断陷。

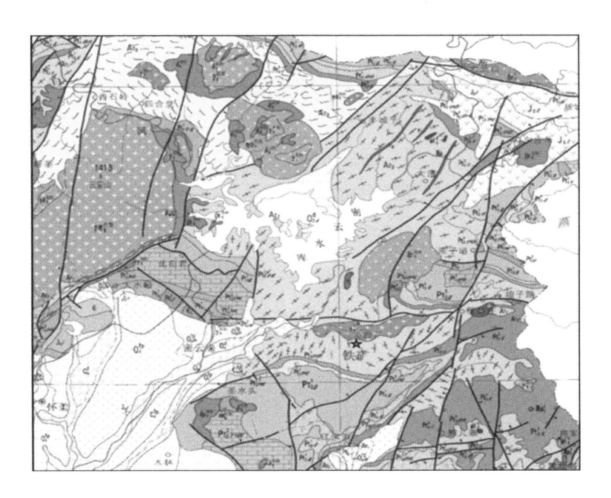

区域地层

区内地层发太古界变质片麻岩为主，呈灰色，灰黄色，强风化，硅质胶结，斑状结构，岩浆侵入体主要有花岗斑岩脉、闪长玢岩脉及微晶闪长岩脉等。节理裂隙十分发育。

地层现状（一）

地层现状（二）

2.2 长城现状

蟠龙山长城依山建造，峰峰相连，绵延不尽，城墙基础主要为太古界强风化基岩上，基础大部裸露于地表，由于长期的内经作用影响，部分段地基承载力明显降低，甚至不能支承城墙的荷载作用而使城墙破坏。

区内地质构造主要为北东向，在构造带及附近岩体破碎，地层风化严重，形成垭口地形，在垭口附近城墙基础承载力损失明显，城墙破坏程度较严重，而在裂隙不发育的山几峰地段，城墙保存完好。

城墙两侧为均直立砖砌体结构，厚度 0.8 米左右，中部为碎石填筑，大小混杂，孔隙大，不密实，颗粒以片麻岩碎块为主，棱角十分明显，大小一般在 5 厘米～20 厘米之间，最大直径达 60 厘米，颗粒间为泥质和中粗砂粒充填，泥质胶结，松散，严重不密实，未发现有夯实的现象。城墙在历史上经过多次倒塌和重修，局部的明显修复的痕迹。

长城墙体

长城墙体外立面现状

长城墙体现状

长城墙体现状局部

2.3 主要残损风化勘察

（1）勘察目的：对文物本体的主要残损类型及残损面积进行量化检测，为抢修及安全性评估提供数据支撑。

（2）勘察手段：由于现场条件的局限性既长城敌台及敌台边墙下方植被灌木茂盛，且多为陡坡，三维激光扫描无工作环境且树木遮挡严重，因此采用无人机摄影测量建模，三维激光扫描辅助校正测量尺寸。

（3）勘察工具：美国 FARO Focus3D X330 三维激光扫描仪，扫描精度 25 米内可达到 ±2 毫米

主要规格参数如下。

视野单元

最大扫面范围：330 范围 1：90% 不光滑反射表面上在户外阴天环境中为 0.6 米～330 米

测量速度：122,000 / 244,000 / 488,000 / 976,000 点 / 秒

测距误差 2：在 10 米和 25 米时误差为 ±2 毫米，反射率分别为 90% 和 10%

噪音误差 3：标准分别为

10 米 – 原始数据：0.3 毫米 @ 90% 反射率 |0.4 毫米 @ 10% 反射率

10 米 – 压缩噪音 4：0.15 毫米 @ 90% 反射率 |0.15 毫米 @ 10% 反射率

25 米 – 原始数据：0.3 毫米 @ 90% 反射率 |0.5 毫米 @ 10% 反射率

25 米 – 压缩噪音 4：0.15 毫米 @ 90% 反射率 |0.25 毫米 @ 10% 反射率

色彩单元

分辨率：大于 7000 万彩色像素

动态彩色特征：自动调整亮度

偏转单元

垂直视野范围：300 度

水平视野范围：360 度

垂直分辨率：0.009 度（360 度时为 40960 个三维像素）

水平分辨率：0.009 度（360 度时为 40960 个三维像素）

最大垂直扫描速度：5,820rpm 或 97 赫兹

无人机：大疆御 2PRO，搭载的是哈苏相机，1 英寸 2000 万像素 CMOS 传感器，光圈 f/2.8–f/11

（4）勘察方法：扫描航线，并在测区内的空旷区域设置多处 30 厘米 × 30 厘米的正方形标靶板，其目的是为了验证 smart3D 三维建模的精度，由于只有在利用软件对模型内的标靶板测量并且数据与实际标靶尺寸相同时才能确定三维模型的尺寸是等比例尺寸，利用这个方法可以提高测绘精度。之后根据对蟠龙山长城航测区域内实地考察可以得知测区内高低点相对落差在 20 米左右，长城整体出现风化情况，长城烽火台部分墙体出现沉降偏移。根据该情况对倾斜摄影扫描航线进行高重叠率规划，并将无人机镜头分别调整为东南西北四个方向，向下 45 度角，以及正射角度进行航测，调整光圈使航测相片更加清晰，并且利用 GPS 定位可以使每张相片具有 pos 数据，在对该区域五个飞行航线验证飞行之后获取到了区域内长城不同角度的倾斜摄影，将这些相片导入三维建模处理软件 smart3D 之中，进行控三计算以及三维建模，生成 3MX 格式模型文件，通过对前期放在样地内的标志点进行测量确定航测的尺寸为标准尺寸，精确度可以达到毫米级精度。利用该模型可以为长城修复保护以及精确测量提供数

据支持。

最终通过三维激光扫描，获得点云数据与摄影建模数据进行校正，获得更为精确的尺寸数据。

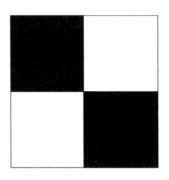

标靶纸

无人机大疆御 2pro

扫描仪 FARO Focus3D X330

（5）摄影建模成果及主要残损风化部位

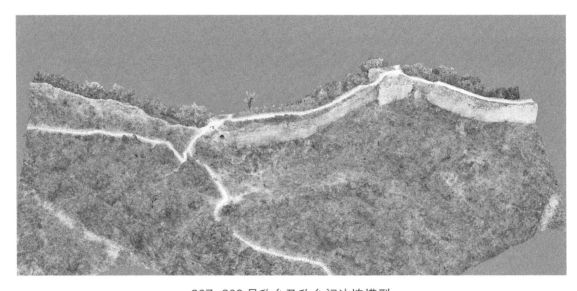

307—308 号敌台及敌台间边墙模型

307-308 号敌台间边墙西段南侧

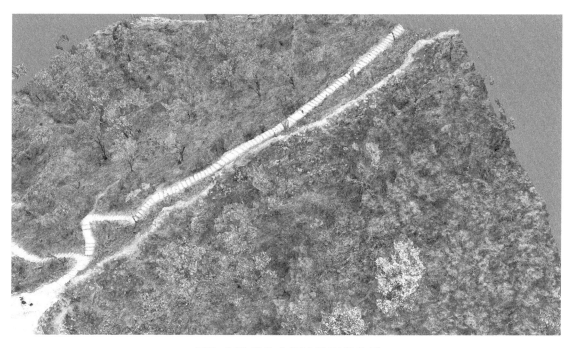

307-308 号敌台间边墙西段北侧

307-308 号敌台及敌台间边墙东段南侧

307-308 号敌台及敌台间边墙东段北侧

305-306 号敌台及敌台间边墙南侧

305-306 号敌台及敌台间边墙北侧

307-308 号敌台及敌台间边墙东段南侧 1 号残损点

307 号敌台东南角底部残损点

305-306 号敌台及敌台间边墙南侧 4 号残损点

305-306 号敌台及敌台间边墙南侧 3 号残损点

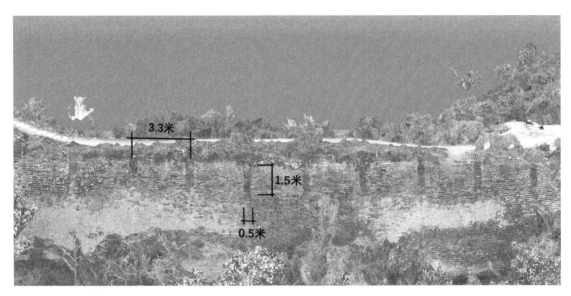

307-308 号敌台及敌台间边墙东段北侧 5 号排水口尺寸与间距

3. 探地雷达地基检测

3.1 探地雷达检测手段

探地雷达采用超宽带雷达技术，基于高频电磁波反射原理对地下 0～8 米范围内进行探测，具有分辨能力强、灵敏度高、探测深度深等优点，专用后处理软件提供一系列算法和工具，通过数据处理、分析、解释、成果编辑，形象直观地再现探测对象的内部结构，实现目标属性的定量分析。本次使用的是 LTD 探地雷达，由一体化主机、天线及相关配件组成，雷达天线频率为 300 兆赫。

主要目的是为探测敌台及敌台间边墙内部砌体基础病害状况，为抢修加固提供依据及参考。

3.2 探地雷达检测方法

试验方法：利用探地雷达在 307-308 号敌台间边墙东段（以便门为界）顶面地坪拉出 1 号路线，在 307 号敌台西侧斜坡的北面拉出 2 号路线，距便门东侧约 30 米处内沿墙面有重要残损风化处自下向上拉出 3 号路线，在 307 号敌台西北角拉出 4 号路线；

在 305-306 号敌台间西段边墙，沿 306 号敌台东侧边墙顶面地坪自西向东拉出 5 号路线，沿东段边墙（以中部台阶为界）顶面地坪南侧（内侧）自西至东拉出 6 号路线，沿东段边墙（以中部台阶为界）顶面地坪北侧（外侧）自东至西拉出 7 号路线，在紧邻 305 号敌台西侧的宽度仅余 1 米的残墙处拉出 8 号路线。

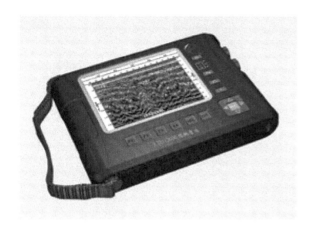

LTD-2100 探地雷达主机　　　　　　　LTD-2100 配套屏蔽天线

3.3 探地雷达检测结果路线

307-308 号敌台及敌台间边墙东段南侧

307-308 号敌台及敌台间边墙东段北侧

305-306 号敌台及敌台间边墙北侧

305-306 号敌台及敌台间边墙南侧

3.4 检测结果分析

1号北京蟠龙山长城探地雷达基础工程检测图

扫描地点	蟠龙山长城307-308号敌台间边墙东段
扫描方向位置	边墙顶部南侧，由西向东

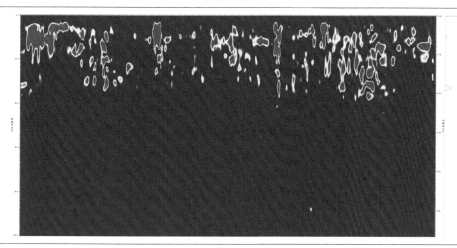

扫描数据图

探地雷达基础检测分析

探测线路在2.5米范围内，沿便门斜上方至东侧台阶处均呈现墙体内部不密实情况，考虑为顶部植物根茎侵入，内沿墙砖层风化严重，造成雨水灌入造成内部土石结构出现缝隙，约3米以下为山体岩石层，密实度基本良好。

2# 北京蟠龙山长城探地雷达基础工程检测图

扫描地点	蟠龙山长城 307 敌台
扫描方向位置	阶梯北侧，自东向西（自上向下）

扫描数据图

探地雷达基础检测分析

图中显示城墙残留面以下墙高 2.2 米左右，2.2 米以内墙体是的填土颗粒大小不一，孔隙十分发育，2.2 米以下为隐伏基岩，基岩比较均匀，密实，未发现有明显不空洞或裂隙。

3# 北京蟠龙山长城探地雷达基础工程检测图

扫描地点	蟠龙山长城 307-308 号敌台间边墙
扫描方向位置	墙体南侧中段，由下向上

扫描数据图

探地雷达基础检测分析

测线为城墙纵向测线，图中可知，城墙墙体厚度 0.8 米左右，基中间部分为碎石填土，宽度 3 米左右，比较均匀，有小孔隙存在，墙体保存较为完好，在砖土接触处有部分孔隙或不密实。

4# 北京蟠龙山长城探地雷达基础工程检测图

扫描地点	蟠龙山长城 307 号敌台
扫描方向位置	敌台顶端北侧，由西向东

扫描数据图

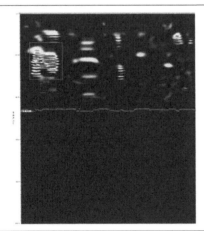

探地雷达基础检测分析

探测线路在 2.5 米范围内，有一定的破损、内部不密实情况存在，1 米到 2 米内有一较大空洞情况，2.5 米以下为山体岩石层，密实度基本良好。红色线条为人工堆砌物与自然山体的分界线，红色区域为人工堆砌物的基本厚度。

5# 北京蟠龙山长城探地雷达基础工程检测图

扫描地点	蟠龙山长城 305-306 号敌台间边墙
扫描方向位置	墙体顶部，自西向东

扫描数据图

探地雷达基础检测分析

探测线路在 2 米范围内，有一定的破损、内部不密实情况存在，2 米以下为山体岩石层，密实度基本良好。红色线条为人工堆砌物与自然山体的分界线，红色区域为人工堆砌物的基本厚度。

6# 北京蟠龙山长城探地雷达基础工程检测图

扫描地点	蟠龙山长城 305–306 号敌台间边墙南侧
扫描方向位置	墙体顶端南侧，由西向东

扫描数据图

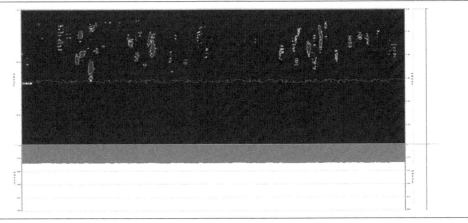

探地雷达基础检测分析
本段为垭口附近，内部 1.5 米左右，填土中空洞较大，不密实范围较大，空洞比较明显。

7# 北京蟠龙山长城探地雷达基础工程检测图

扫描地点	蟠龙山长城 305-306 号敌台间边墙北侧
扫描方向位置	墙体顶端北侧，由东向西

扫描数据图

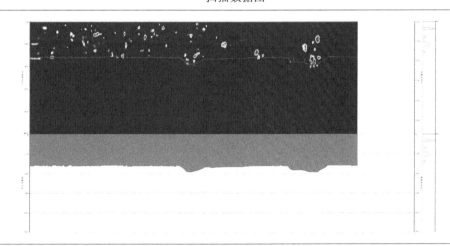

探地雷达基础检测分析

探测线路在 2 米范围内，填土有空洞、内部不密实情况存在，2 米以下为山体岩石层，密实度基本良好。红色线条为人工堆砌物与自然山体的分界线，红色区域为人工堆砌物的基本厚度。

8 号北京蟠龙山长城探地雷达基础工程检测图

扫描地点	蟠龙山长城 305–306 号敌台间边墙最东端
扫描方向位置	敌楼顶端，由西向东

扫描数据图

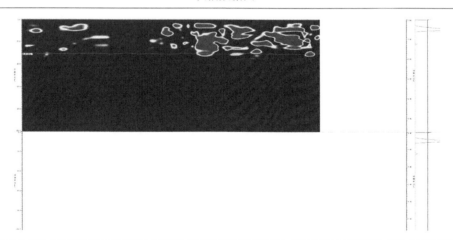

探地雷达基础检测分析

探测线路在 1.5 米范围内，填土内部空洞较大，不密实情况严重，处于不稳定状态，1.5 米以下为山体岩石层，密实度基本良好。红色线条为人工堆砌物与自然山体的分界线，红色区域为人工堆砌物的基本厚度。

根据上述地质调查和地质雷达探测结果表明：

1. 区内城墙破坏的原因与地质构造条件密切相关，构造发育的地段城墙破坏严重，残留的城墙高度也较低。

2. 城墙的荷载不大，风化或强风化岩体的承载力可以满足城墙的荷载要求，除裂隙带区域外，地基无需加固，对裂隙发育地段，在城墙修复时，应考虑地质构造条件和地层条件进行处理，必要时基础应放在弱风化基岩上。

3. 由于边墙包砖的严重残损风化，特别是 307–308 号东段部分及 307 号敌台顶部植物生长茂盛，造成内部土石人工砌体的空洞化，需迅速进行抢救性修缮。

4. 305–306 号敌台间边墙特别是南侧砖墙和土石部分有大面积滑坡，造成人工砌体空隙较多，其有继续扩大的可能，需立即进行修缮。

4. 长城砖材及灰浆成分检测分析

在 307–308 号敌台间边墙处散落砖三块，每块墙砖分三处取样，去除杂质、研磨烘干后通过实验室 X 射线荧光分析仪（日本岛津 XRF–1800）进行材料成分检测。

X 射线荧光分析仪　　　　　　　　　　　墙砖取样样本

总照片	编号	采集材料	采集位置（照片）	成　　分				
				Analyte	Result	Proc-Calc	Line	Net Int.	BG Int.

总照片	编号	采集材料	采集位置（照片）	Analyte	Result	Proc-Calc	Line	Net Int.	BG Int.
	1	灰		CaO	71.7274 %	Quant.-FP	CaKa	440.930	0.512
				SiO₂ → SiO_2	15.9786 %	Quant.-FP	SiKa	17.220	0.030
				MgO	8.5259 %	Quant.-FP	MgKa	4.670	0.025
				Al_2O_3	1.7499 %	Quant.-FP	AlKa	1.618	0.028
				Fe_2O_3	1.1165 %	Quant.-FP	FeKa	7.898	0.061
				SO_3	0.2556 %	Quant.-FP	S Ka	0.584	0.030
				P_2O_5	0.2511 %	Quant.-FP	P Ka	0.556	0.042
				K_2O	0.2415 %	Quant.-FP	K Ka	2.003	0.111
				MnO	0.0987 %	Quant.-FP	MnKa	0.504	0.044
				SrO	0.0550 %	Quant.-FP	SrKa	3.137	1.390
	2	砖		SiO_2	69.6154 %	Quant.-FP	SiKa	88.865	0.119
				Al_2O_3	15.4698 %	Quant.-FP	AlKa	21.961	0.148
				Fe_2O_3	4.3503 %	Quant.-FP	FeKa	90.530	0.170
				K_2O	3.3511 %	Quant.-FP	K Ka	22.062	0.135
				MgO	2.7042 %	Quant.-FP	MgKa	2.232	0.026
				CaO	1.8650 %	Quant.-FP	CaKa	11.342	0.118
				Na_2O	1.5340 %	Quant.-FP	NaKa	0.520	0.007
				TiO_2	0.6562 %	Quant.-FP	TiKa	1.718	0.011
				P_2O_5	0.2587 %	Quant.-FP	P Ka	0.439	0.032
				MnO	0.0893 %	Quant.-FP	MnKa	1.341	0.095
				ZrO_2	0.0559 %	Quant.-FP	ZrKa	9.248	2.329
				SrO	0.0225 %	Quant.-FP	SrKa	3.553	1.679
				ZnO	0.0120 %	Quant.-FP	ZnKa	0.589	0.304
				Rb_2O	0.0114 %	Quant.-FP	RbKa	1.734	1.448
				Y_2O_3	0.0042 %	Quant.-FP	Y Ka	0.668	1.935
	3	砖		SiO_2	69.3199 %	Quant.-FP	SiKa	88.580	0.100
				Al_2O_3	15.4943 %	Quant.-FP	AlKa	22.013	0.160
				Fe_2O_3	4.2651 %	Quant.-FP	FeKa	88.214	0.203
				K_2O	3.3908 %	Quant.-FP	K Ka	22.354	0.140
				MgO	2.6612 %	Quant.-FP	MgKa	2.196	0.028
				CaO	2.0990 %	Quant.-FP	CaKa	12.760	0.121
				Na_2O	1.5165 %	Quant.-FP	NaKa	0.513	0.006
				TiO_2	0.6784 %	Quant.-FP	TiKa	1.766	0.021
				P_2O_5	0.2800 %	Quant.-FP	P Ka	0.477	0.035
				SO_3	0.0835 %	Quant.-FP	S Ka	0.147	0.042
				MnO	0.0782 %	Quant.-FP	MnKa	1.168	0.095
				ZrO_2	0.0597 %	Quant.-FP	ZrKa	9.852	2.411
				Cr_2O_3	0.0258 %	Quant.-FP	CrKa	0.211	0.049
				SrO	0.0240 %	Quant.-FP	SrKa	3.782	1.646
				ZnO	0.0120 %	Quant.-FP	ZnKa	0.589	0.332
				Rb_2O	0.0115 %	Quant.-FP	RbKa	1.738	1.399

总照片	编号	采集材料	采集位置（照片）	成　　分					
				Analyte	Result	Proc−Calc	Line	Net Int.	BG Int.
	4	砖		SiO$_2$	67.9707 %	Quant.−FP	SiKa	85.622	0.110
				Al$_2$O$_3$	14.9611 %	Quant.−FP	AlKa	20.707	0.164
				Fe$_2$O$_3$	4.2086 %	Quant.−FP	FeKa	85.112	0.188
				MgO	3.7493 %	Quant.−FP	MgKa	3.061	0.031
				K$_2$O	3.5039 %	Quant.−FP	K Ka	23.011	0.128
				CaO	2.8081 %	Quant.−FP	CaKa	16.914	0.123
				Na$_2$O	1.6137 %	Quant.−FP	NaKa	0.541	0.008
				TiO$_2$	0.6583 %	Quant.−FP	TiKa	1.671	0.018
				P$_2$O$_5$	0.2500 %	Quant.−FP	P Ka	0.424	0.040
				SO$_3$	0.1003 %	Quant.−FP	S Ka	0.176	0.034
				MnO	0.0736 %	Quant.−FP	MnKa	1.073	0.100
				ZrO$_2$	0.0517 %	Quant.−FP	ZrKa	8.386	2.321
				SrO	0.0256 %	Quant.−FP	SrKa	3.965	1.715
				ZnO	0.0125 %	Quant.−FP	ZnKa	0.602	0.330
				Rb$_2$O	0.0124 %	Quant.−FP	RbKa	1.851	1.405
				Analyte	Result	Proc−Calc	Line	Net Int.	BG Int.
	5	灰		CaO	39.5048 %	Quant.−FP	CaKa	260.042	0.318
				MgO	28.0730 %	Quant.−FP	MgKa	19.894	0.051
				SiO$_2$	25.6344 %	Quant.−FP	SiKa	26.531	0.042
				Al$_2$O$_3$	3.8515 %	Quant.−FP	AlKa	3.512	0.036
				Fe$_2$O$_3$	1.6938 %	Quant.−FP	FeKa	19.293	0.092
				SO$_3$	0.4341 %	Quant.−FP	S Ka	0.900	0.039
				MnO	0.2962 %	Quant.−FP	MnKa	2.427	0.052
				P$_2$O$_5$	0.1733 %	Quant.−FP	P Ka	0.347	0.032
				K$_2$O	0.1623 %	Quant.−FP	K Ka	1.239	0.085
				TiO$_2$	0.1622 %	Quant.−FP	TiKa	0.225	0.009
				SrO	0.0144 %	Quant.−FP	SrKa	1.377	1.589
	6	砖		Analyte	Result	Proc−Calc	Line	Net Int.	BG Int.
				SiO$_2$	65.1832 %	Quant.−FP	SiKa	78.891	0.103
				Al$_2$O$_3$	15.7242 %	Quant.−FP	AlKa	20.924	0.151
				Fe$_2$O$_3$	6.6672 %	Quant.−FP	FeKa	132.482	0.218
				MgO	3.1190 %	Quant.−FP	MgKa	2.421	0.033
				CaO	3.0758 %	Quant.−FP	CaKa	18.929	0.129
				K$_2$O	2.5683 %	Quant.−FP	K Ka	16.862	0.125
				Na$_2$O	2.1496 %	Quant.−FP	NaKa	0.692	0.004
				TiO$_2$	0.7812 %	Quant.−FP	TiKa	2.012	0.019
				P$_2$O$_5$	0.4860 %	Quant.−FP	P Ka	0.818	0.036
				MnO	0.1026 %	Quant.−FP	MnKa	1.484	0.101
				ZrO$_2$	0.0449 %	Quant.−FP	ZrKa	6.520	2.000
				SrO	0.0409 %	Quant.−FP	SrKa	5.668	1.514
				Cr$_2$O$_3$	0.0349 %	Quant.−FP	CrKa	0.282	0.050
				ZnO	0.0149 %	Quant.−FP	ZnKa	0.648	0.309
				Rb$_2$O	0.0071 %	Quant.−FP	RbKa	0.942	1.273

总照片	编号	采集材料	采集位置（照片）	成 分
	7	砖		Analyte　Result　　　Proc-Calc　Line　　Net Int.　BG Int.
	8	砖		

Analyte　　Result　　　Proc-Calc　　Line　　Net Int.　BG Int.

Analyte	Result	Proc-Calc	Line	Net Int.	BG Int.
SiO_2	64.2056 %	Quant.-FP	SiKa	77.670	0.097
Al_2O_3	16.4939 %	Quant.-FP	AlKa	22.109	0.149
Fe_2O_3	6.5677 %	Quant.-FP	FeKa	131.377	0.219
MgO	3.1922 %	Quant.-FP	MgKa	2.499	0.031
CaO	3.1297 %	Quant.-FP	CaKa	19.366	0.126
K_2O	2.7162 %	Quant.-FP	K Ka	18.001	0.131
Na_2O	2.2360 %	Quant.-FP	NaKa	0.727	0.002
TiO_2	0.7508 %	Quant.-FP	TiKa	1.942	0.021
P_2O_5	0.4563 %	Quant.-FP	P Ka	0.776	0.042
MnO	0.1018 %	Quant.-FP	MnKa	1.481	0.103
SrO	0.0444 %	Quant.-FP	SrKa	6.216	1.494
ZrO_2	0.0395 %	Quant.-FP	ZrKa	5.786	2.093
Cr_2O_3	0.0284 %	Quant.-FP	CrKa	0.231	0.046
ZnO	0.0155 %	Quant.-FP	ZnKa	0.678	0.304
Co_2O_3	0.0139 %	Quant.-FP	CoKa	0.375	0.210
Rb_2O	0.0082 %	Quant.-FP	RbKa	1.097	1.219
SiO_2	66.0175 %	Quant.-FP	SiKa	79.708	0.095
Al_2O_3	15.7762 %	Quant.-FP	AlKa	21.014	0.160
Fe_2O_3	6.5199 %	Quant.-FP	FeKa	129.355	0.221
MgO	2.9255 %	Quant.-FP	MgKa	2.268	0.035
K_2O	2.6893 %	Quant.-FP	K Ka	17.471	0.115
CaO	2.6821 %	Quant.-FP	CaKa	16.308	0.131
Na_2O	1.8869 %	Quant.-FP	NaKa	0.604	0.006
TiO_2	0.7789 %	Quant.-FP	TiKa	2.000	0.018
P_2O_5	0.4704 %	Quant.-FP	P Ka	0.784	0.034
MnO	0.0970 %	Quant.-FP	MnKa	1.400	0.095
ZrO_2	0.0479 %	Quant.-FP	ZrKa	6.970	1.996
SrO	0.0400 %	Quant.-FP	SrKa	5.550	1.444
Cr_2O_3	0.0352 %	Quant.-FP	CrKa	0.284	0.044
ZnO	0.0131 %	Quant.-FP	ZnKa	0.567	0.289
NiO	0.0127 %	Quant.-FP	NiKa	0.406	0.166
Rb_2O	0.0074 %	Quant.-FP	RbKa	0.983	1.240

续表

总照片	编号	采集材料	采集位置（照片）	成　　分					
				Analyte	Result	Proc-Calc	Line	Net Int.	BG Int.
	9	灰		CaO	50.8203 %	Quant.-FP	CaKa	304.387	0.416
				MgO	22.2381 %	Quant.-FP	MgKa	13.413	0.032
				SiO$_2$	20.7528 %	Quant.-FP	SiKa	20.087	0.028
				Al$_2$O$_3$	3.2029 %	Quant.-FP	AlKa	2.705	0.028
				Fe$_2$O$_3$	1.5918 %	Quant.-FP	FeKa	14.165	0.091
				K$_2$O	0.3734 %	Quant.-FP	K Ka	2.741	0.110
				SO$_3$	0.3063 %	Quant.-FP	S Ka	0.615	0.032
				Na$_2$O	0.2739 %	Quant.-FP	NaKa	0.065	0.008
				MnO	0.2416 %	Quant.-FP	MnKa	1.549	0.056
				P$_2$O$_5$	0.1653 %	Quant.-FP	P Ka	0.320	0.025
				SrO	0.0294 %	Quant.-FP	SrKa	2.160	1.528
				ZrO$_2$	0.0042 %	Quant.-FP	ZrKa	0.324	2.091
	10	砖		Analyte	Result	Proc-Calc	Line	Net Int.	BG Int.
				SiO$_2$	64.6596 %	Quant.-FP	SiKa	80.409	0.099
				Al$_2$O$_3$	15.1736 %	Quant.-FP	AlKa	20.628	0.152
				CaO	5.6001 %	Quant.-FP	CaKa	34.407	0.138
				MgO	4.6457 %	Quant.-FP	MgKa	3.771	0.032
				Fe$_2$O$_3$	4.5964 %	Quant.-FP	FeKa	88.521	0.163
				K$_2$O	2.9621 %	Quant.-FP	K Ka	19.780	0.135
				Na$_2$O	1.0578 %	Quant.-FP	NaKa	0.349	0.006
				TiO$_2$	0.7914 %	Quant.-FP	TiKa	1.926	0.023
				P$_2$O$_5$	0.2409 %	Quant.-FP	P Ka	0.416	0.026
				SO$_3$	0.0907 %	Quant.-FP	S Ka	0.162	0.040
				MnO	0.0809 %	Quant.-FP	MnKa	1.125	0.083
				ZrO$_2$	0.0587 %	Quant.-FP	ZrKa	8.946	2.293
				SrO	0.0181 %	Quant.-FP	SrKa	2.630	1.625
				ZnO	0.0121 %	Quant.-FP	ZnKa	0.546	0.288
				Rb$_2$O	0.0119 %	Quant.-FP	RbKa	1.664	1.342
	11	砖		Analyte	Result	Proc-Calc	Line	Net Int.	BG Int.
				SiO$_2$	63.9229 %	Quant.-FP	SiKa	79.974	0.107
				Al$_2$O$_3$	15.4762 %	Quant.-FP	AlKa	21.206	0.157
				CaO	5.7504 %	Quant.-FP	CaKa	35.701	0.129
				MgO	5.0214 %	Quant.-FP	MgKa	4.132	0.037
				Fe$_2$O$_3$	4.4991 %	Quant.-FP	FeKa	87.522	0.194
				K$_2$O	3.0368 %	Quant.-FP	K Ka	20.541	0.138
				Na$_2$O	1.0429 %	Quant.-FP	NaKa	0.349	0.008
				TiO$_2$	0.7341 %	Quant.-FP	TiKa	1.800	0.016
				P$_2$O$_5$	0.2569 %	Quant.-FP	P Ka	0.449	0.032
				SO$_3$	0.0902 %	Quant.-FP	S Ka	0.163	0.035
				MnO	0.0727 %	Quant.-FP	MnKa	1.021	0.080
				ZrO$_2$	0.0569 %	Quant.-FP	ZrKa	8.792	2.219
				SrO	0.0185 %	Quant.-FP	SrKa	2.738	1.693
				ZnO	0.0112 %	Quant.-FP	ZnKa	0.513	0.316
				Rb$_2$O	0.0099 %	Quant.-FP	RbKa	1.403	1.397

经过成分检测，灰浆中 MgO 含量超过 20%，采用了强度高、耐冻融的镁质石灰 – 或含镁的钙质石灰灰浆，这也可以解释在砖墙严重风化酥碱脱落处，灰浆仍有大量残存的现象。

5. 城墙安全性评估

本次评估选取部分边墙截面，结合勘察现状进行平面建模分析，讨论墙体稳定性及未来发展趋势。

5.1 305-306 号敌台间边墙 1-1 剖面稳定性分析

305-306 号敌台及敌台间边墙 1-1 剖面，南侧发生大面积坍塌滑坡。

305-306 号敌台间边墙平面

305-306 号敌台间边墙立面

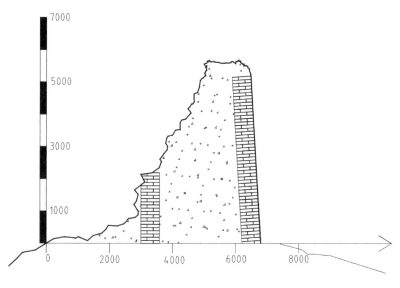

敌台间边墙 1-1 剖面图

本次稳定性分析是利用离散元软件 UDEC 进行模拟。根据剖面图建立地质模型，模型中，砖墙视为刚体，渣土碎石视为松散堆积体，如下图所示。现场调查城墙在天然工况下处于稳定状态。本次模拟计算古城墙在降雨工况下的稳定性。

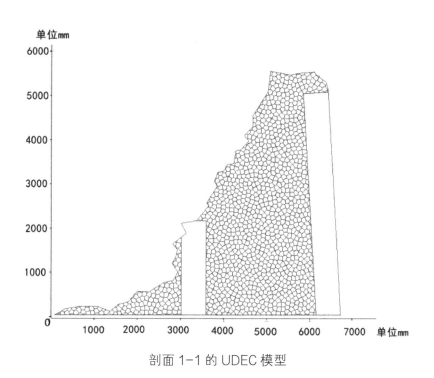

剖面 1-1 的 UDEC 模型

参考《工程地质手册》（第四版）的建议参数，降雨工况下模拟采用的参数如下表所示：

降雨工况下模型参数表

名称	弹性模量 E（吉帕）	泊松比 ν	密度 ρ（千克/立方米）	内聚力 c（千帕）	内摩擦角 φ（°）	体积模量 K（吉帕）	剪切模量 G（吉帕）	法向刚度 kn	切向刚度 ks
古砖	10	0.1	1750	300	30	4.15	4.55	/	/
渣土碎石	2	0.2	1500	100	10	0.83	0.91	2×10^8	2×10^8

应力场分析

（1）如下图所示，最小主应力（压应力）云图显示渣土碎石坡体高度 2 米至 3 米石的坡脚处压应力集中，高度 5 米处的坡体后缘与古砖接触位置压应力集中。

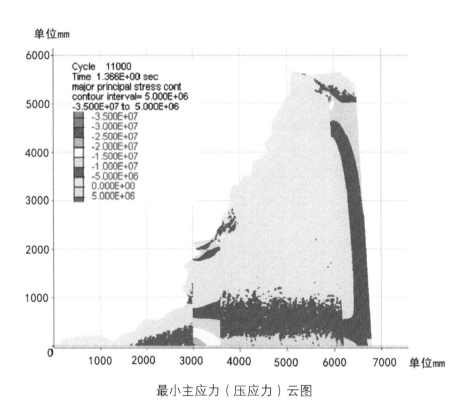

最小主应力（压应力）云图

（2）如下图所示，最大主应力（拉应力）云图显示渣土碎石坡体高度 2 米至 5 米的坡体表面存在拉应力。

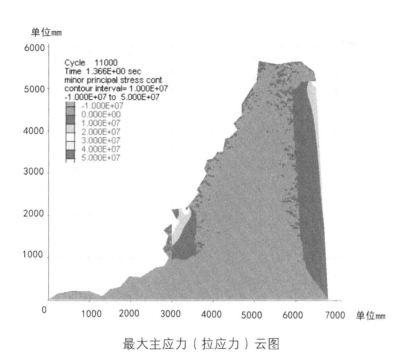

最大主应力（拉应力）云图

位移场分析

通过模拟得到的位移云图可以得到，位移变形在坡体表面较大，渣土碎石坡体可能发生破碎并滑移破坏。

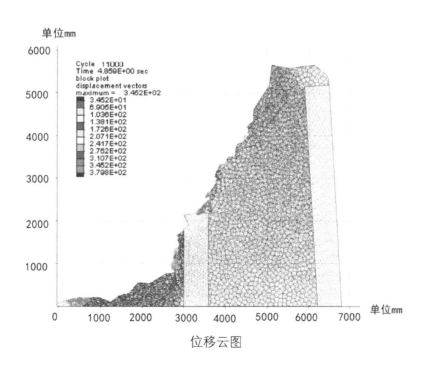

位移云图

综上所述，在降雨条件下，渣土碎石坡体受到雨水冲刷导致强度降低，坡脚在压应力作用下破坏，坡体后缘与古砖接触位置在压应力作用下产生后缘裂隙，在坡体表面的拉应力作用下，坡体可能发生滑移破坏，如下图所示。

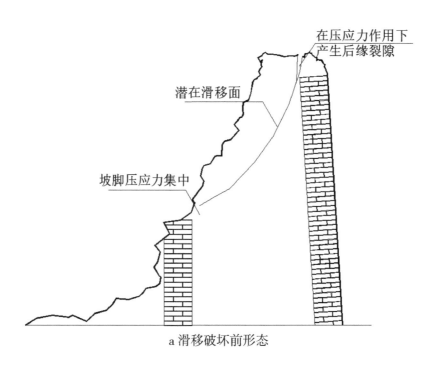

a 滑移破坏前形态

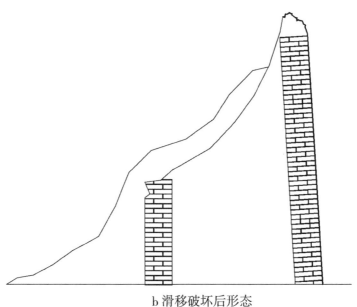

b 滑移破坏后形态

1-1 剖面失稳破坏前、后的形态

5.2 307敌台2-2剖面稳定性分析

307敌台俯视图

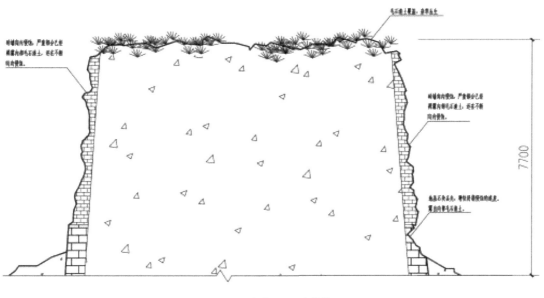

307敌台2-2剖面

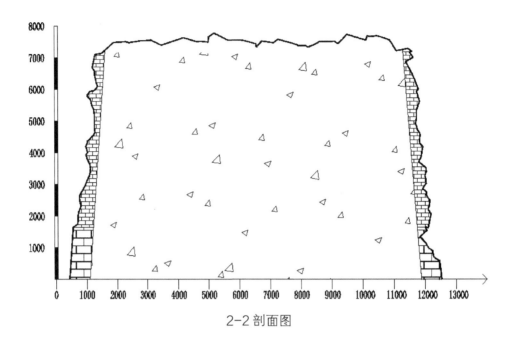

2-2 剖面图

本次稳定性分析是利用离散元软件 UDEC 进行模拟。根据给出的剖面图建立地质模型，模型中，砖墙视为刚体，渣土碎石视为松散堆积体，如下图所示。现场调查古城墙在天然工况下处于稳定状态。本次模拟计算古城墙在降雨工况下的稳定性。

剖面 9-9 的 UDEC 模型

参考《工程地质手册》（第四版）的建议参数，降雨工况下模拟采用的参数如下表所示：

降雨工况下模型参数表

名称	弹性模量 E（吉帕）	泊松比 ν	密度 ρ（千克/立方米）	内聚力 c（吉帕）	内摩擦角 φ（°）	体积模量 K（吉帕）	剪切模量 G（吉帕）	法向刚度 kn	切向刚度 ks
古砖	10	0.1	1750	300	30	4.15	4.55	/	/
渣土碎石	2	0.2	1500	100	10	0.83	0.91	2×10^8	2×10^8

应力场分析

（1）如下图所示，最小主应力（压应力）云图显示右侧砖墙中，右下角有一个压应力集中区域，也是风化最为严重的地方。

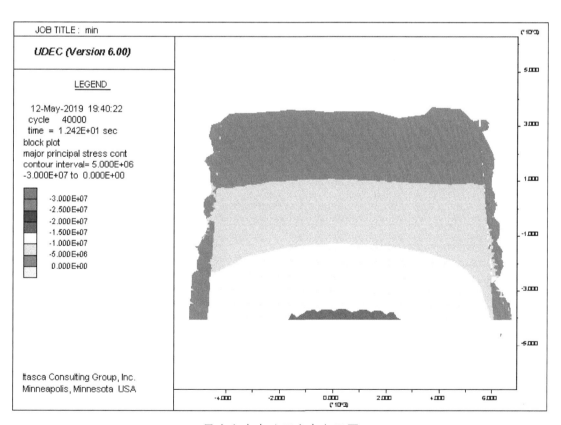

最小主应力（压应力）云图

（2）如下图所示，最大主应力（拉应力）云图显示，砖墙两侧底部均存在拉应力集中。

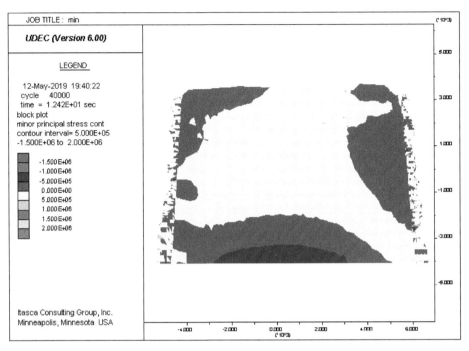

最大主应力（拉应力）云图

位移场分析

通过模拟得到的位移云图可以得到，位移变形在两侧的砖墙比较大。

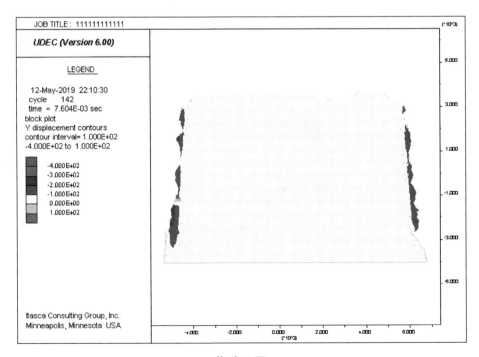

位移云图

综上所述，在降雨条件下，渣土碎石坡体、砖墙受到雨水冲刷导致强度降低，砖墙在应力集中的地方破坏，如下图所示。

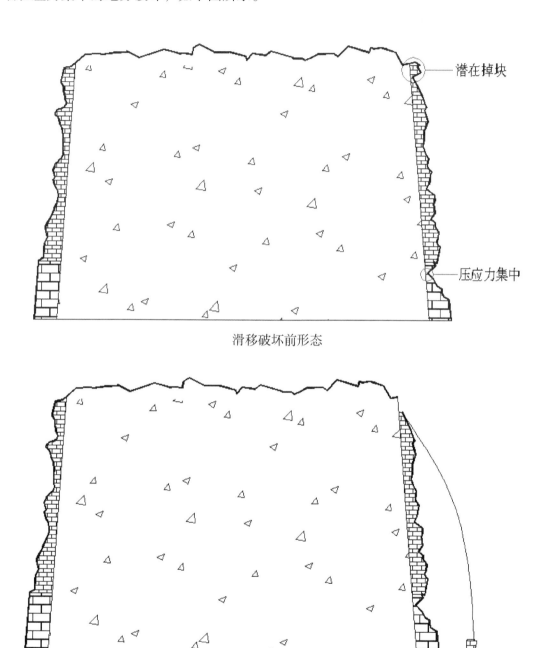

滑移破坏前形态

滑移破坏后形态

2-2剖面失稳破坏前、后的形态

5.3 307-308 敌台间边墙 3-3 剖面稳定性分析

307-308 敌台间边墙俯视面

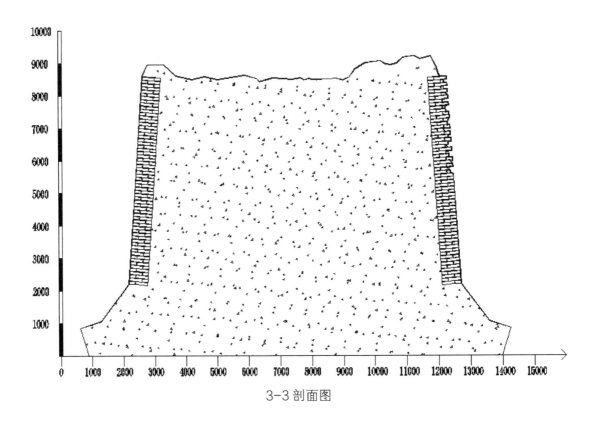

3-3 剖面图

本次稳定性分析是利用离散元软件 UDEC 进行模拟。根据给出的剖面图建立地质模型，模型中，砖墙视为刚体，渣土碎石视为松散堆积体，如下图所示。现场调查古城墙在天然工况下处于稳定状态。本次模拟计算古城墙在降雨工况下的稳定性。

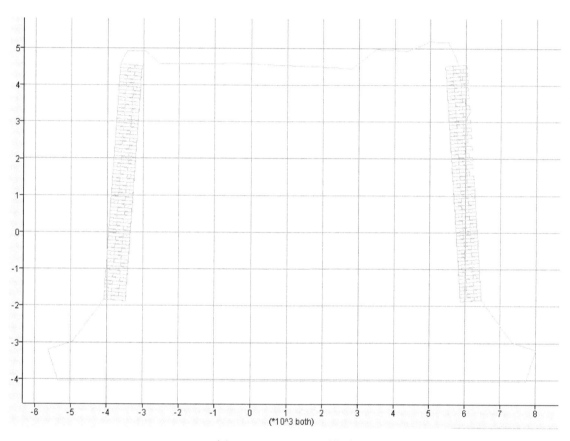

剖面 3-3 的 UDEC 模型

参考《工程地质手册》（第四版）的建议参数，降雨工况下模拟采用的参数如下表所示：

降雨工况下模型参数表

名称	弹性模量 E（吉帕）	泊松比 ν	密度 ρ（千克/立方米）	内聚力 c（千帕）	内摩擦角 φ（°）	体积模量 K（吉帕）	剪切模量 G（吉帕）	法向刚度 kn	切向刚度 ks
古砖	10	0.1	1750	300	30	4.15	4.55	/	/
渣土碎石	2	0.2	1500	100	10	0.83	0.91	2×10^8	2×10^8

应力场分析

（1）如下图所示，最小主应力（压应力）云图显示，右侧砖墙在风化严重的地方产生应力集中。

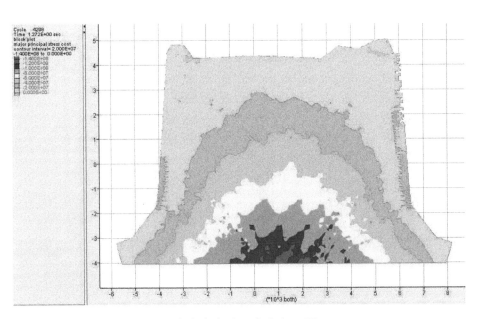

最小主应力（压应力）云图

（2）如下图所示，最大主应力（拉应力）云图显示，砖墙的砖缝会有拉应力集中。

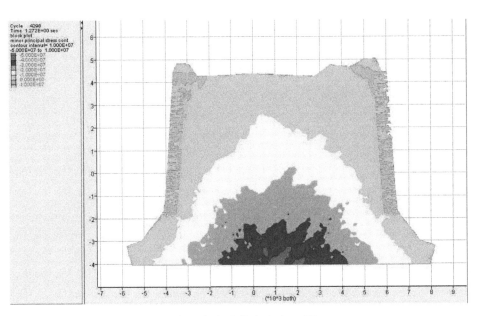

最大主应力（拉应力）云图

位移场分析

通过模拟得到的位移云图可以得到，位移变形在砖墙中部较大，渣土碎石坡体可能在上部靠近砖墙的地方发生破碎并滑移破坏，从而导致砖墙破坏。

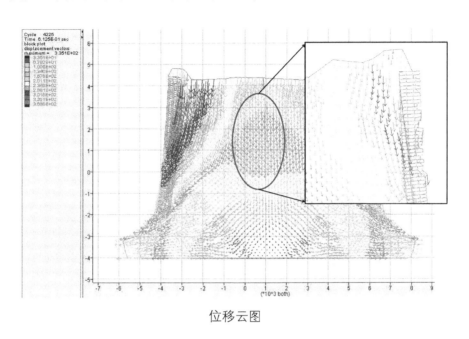

位移云图

综上所述，在降雨条件下，渣土碎石坡体受到雨水冲刷导致强度降低，砖墙上半部分容易受到背后土体强度降低的影响，从而导致上半部分砖墙破坏。右边砖墙风化严重，局部凹陷，存在较强的应力集中，是整个截面最薄弱的地方潜在的破坏形式如下图所示。

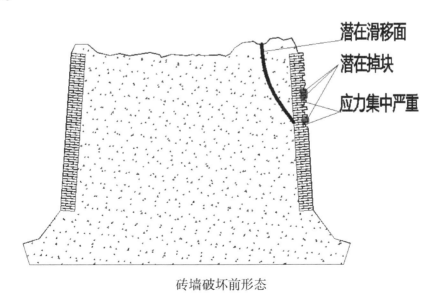

砖墙破坏前形态

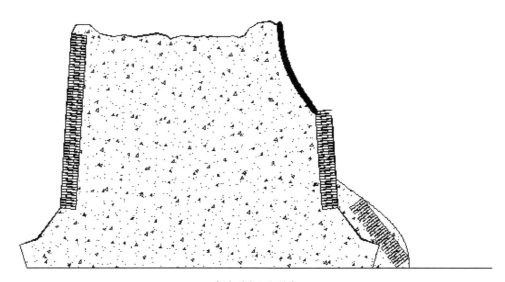

砖墙破坏后形态

3-3剖面失稳破坏前、后的形态

第三章　水关长城空鼓检测

1. 建筑概况

目前，长城空鼓病害发育普遍，任由此病害发展必会造成长城的失稳破坏。空鼓病害具有一定的隐蔽性，外表难以观测且常规的勘测方法也难以进行病害的调查与描述。本次试验的目的就是利用地球物理勘探的方法，对空鼓病害进行检测与表征，并为长城本体空鼓病害的治理、设计提供依据。项目场地位置见下图。

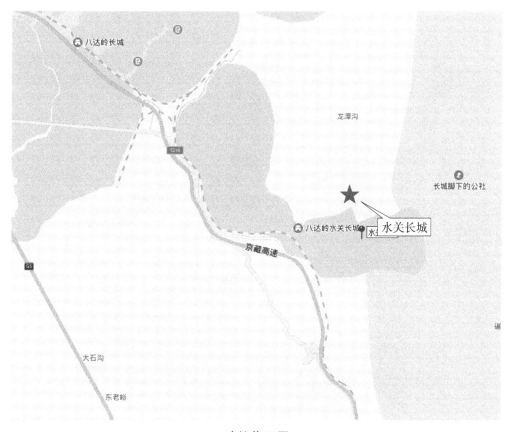

建筑位置图

2018年06月12日对水关长城的某维修段进行了现场检测，工作现场见下图。

检测现场照片（一）

检测现场照片（二）

检测现场照片（三）

2. 检测鉴定依据与内容

2.1 检测鉴定依据

（1）《中华人民共和国文物保护法》；

（2）《城市工程地球物理探测规范》（CJJ 7—2007）；

（3）《水利水电工程物探规程》（SL 326—2005）；

（4）《水电水利工程物探规程》（DL/T 5010—2005）。

2.2 检测鉴定内容

选取具有代表性的长城本体，利用高密度电阻率法和地质雷达法对其进行探测，确定空鼓病害位置、埋深及规模。

3.高密度电阻率检测

本次试验使用 GD-10 型分布式直流高密度电法系统进行野外数据采集，共布置测线 2 条，电极间距 1 米，采样间隔 50 纳秒。成果分析见下表。

高密度电法探测分析一览表

测线编号	成果分析
WT1—WT1'	剖面下部视电阻率变化平稳，在 10 道～13 道电极处出现部分高阻异常，结合现场地物条件为剖面下部墙体塌陷引起，下部高阻区为较密实区域。
WT2—WT2'	整条剖面视电阻率变化平稳，上部低阻区推断为上层填土或松散层含水较多导致，下部高阻区为填充密实层的反映。

成果分析

（1）WT1—WT1'

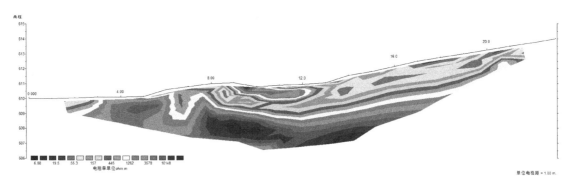

高密度电法综合剖面图

（2）WT2—WT2'

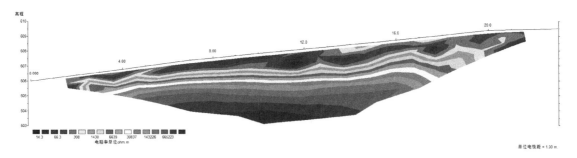

高密度电法综合剖面图

4. 地质雷达检测

4.1 工作布置

本次试验使用的设备为GR–Ⅳ型地质雷达，配套400兆赫频率天线，时窗设置为200纳秒，测线布置见下图，测线统计见下表。

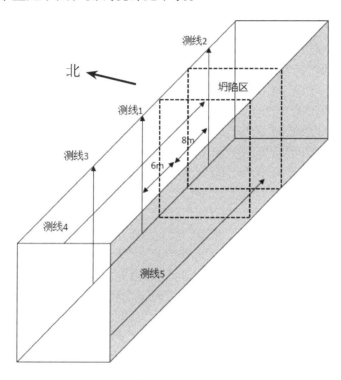

测线布置示意图

地质雷达测线统计表

测线编号	位 置	长 度	走 向
1	塌陷区北侧，据塌陷区中心6米	5米	下→上
2	塌陷区南侧，据塌陷区中心8米	3米	下→上
3	塌陷区北侧	6米	下→上
4	城墙顶部	28米	西→东
5	城墙南侧	31米	西→东

地质雷达工作照

4.2 成果分析

经对所探测所得的 5 条剖面数据进行综合的处理与分析，在探测得到的雷达波形解释图中，亮色层为强反射层，推测为砖石、灰土等较密实、稳固填充层，黑色层为弱反射层，推测为较松散层，地质雷达探测结论如下：

（1）测线 1 为沿长城侧表面自下向上扫描，测线长 5 米，从图中可以看出，反射同相轴不连续，表明内部填充不均匀。距长城上表面 4 米、长城侧表面进深 1 米处有松散区，推测为内部填充层离析，松散介质涌入。距长城侧表面进深 3 米处有松散区，推测为内部填充层与砖石层离析，松散介质落入。

（2）测线 2 为沿长城侧表面自下向上扫描，测线长 3 米，从图中可以看出，反射同相轴不连续，表明内部填充不均匀。距长城侧表面进深 2 米处有松散区，推测为内部填充与砖石层离析，松散介质落入。

（3）测线 3 为沿长城侧表面自下向上扫描，测线长 6 米，从图中可以看出，反射同相轴不连续，表明内部填充不均匀。距长城侧表面进深 2 米处有松散区，推测为内部填充松散导致。

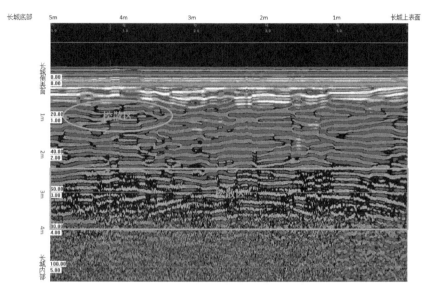

测线 1 雷达波形解释图

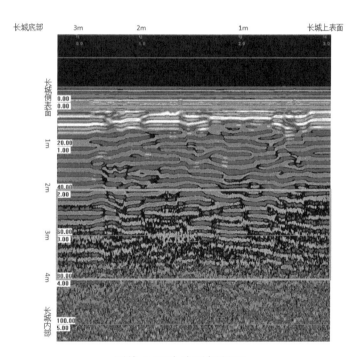

测线 2 雷达波形解释图

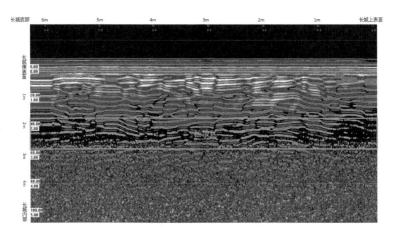

测线 3 雷达波形解释图

（4）测线 4 为沿长城顶部自西向东扫描，测线长 28 米，分为西侧铁门处到砖坎处 17 米，从砖坎处到塌陷区 11 米两段。从下图中可以看出，反射同相轴不连续，表明内部填充不均匀。距长城顶面埋深 1 米开始，有较多裂隙状松散区，推测为经雨水渗入等原因导致内部填充开裂，松散介质落入裂隙。

测线 4 分段示意图

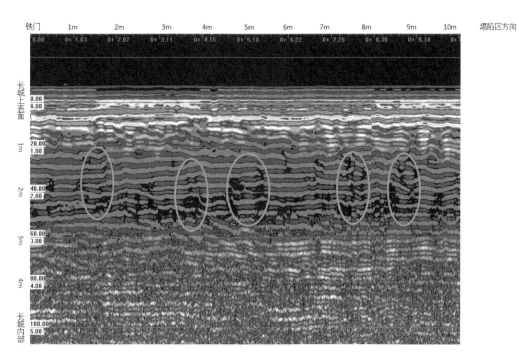

测线 4-1 雷达波形解释图

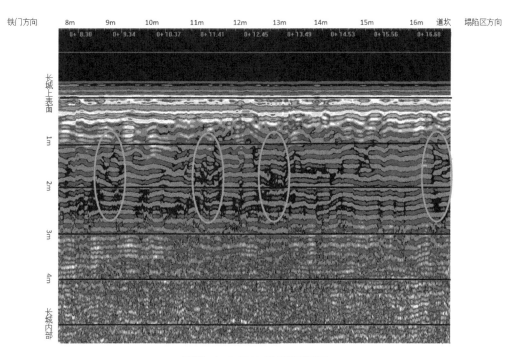

测线 4-2 雷达波形解释图

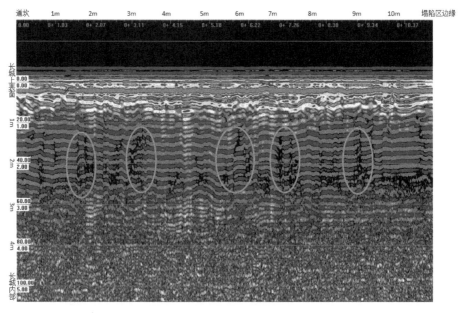

测线 4-3 雷达波形解释图

（5）测线 5 为沿长城侧面从铁门处的平行位置向塌陷区边缘扫描，测线长 31 米。从下图可以看出，反射同相轴不连续，表明内部填充不均匀。自铁门处起 17 米内，距长城侧表面进深 2 米开始，内部填充松散；在距铁门 17 米处到终点爬梯（后 14 米内），距长城侧表面进深 1 米开始，内部填充也存在松散。

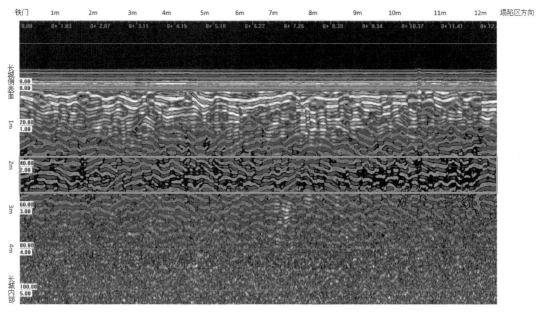

测线 5-1 雷达波形解释图

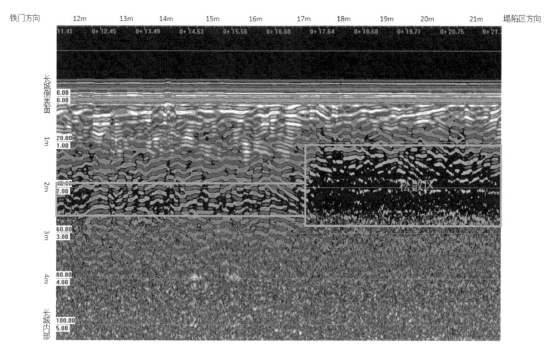

测线 5-2 雷达波形解释图

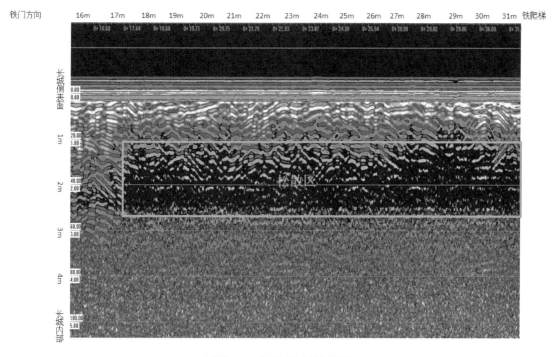

测线 5-3 雷达波形解释图

5. 试验结论

（1）高密度电阻率法对较大的塌陷、空洞的探测比较明显，探测效率高，操作便捷，电阻率剖面有显著的表征；但对小范围、小尺寸病害的探测效果不理想。

（2）地质雷达对病害的探测较为便捷，但需布置较多测线，操作难度大。对小范围、小尺寸病害的探测能起到和高密度电阻率法互补的作用。

综述，在长城空鼓病害检测的方法中，采用高密度电阻率法和地质雷达相结合的方式能快捷有效地对病害进行判别和定位，探测精度大、效率高。

第四章　宛平城结构安全检测

1. 建筑概况

宛平城位于卢沟桥东，建于明崇祯十三年（1640年），城东西长640米，南北长320米。宛平城有东西两座城门，东门叫"顺治"门，西门叫"威严"门。城墙四周外侧有垛口、望孔，下有射眼。1984年国家对城墙、东西城楼进行了修缮，2000年左右又对城墙及南北两侧城楼进行了修缮。

因年久失修，城墙外观缺陷较多，如墙体出现严重风化侵蚀，多处开裂等损坏现象，对主体结构的安全性能存在不利的影响。为掌握该结构性能的客观状况，现对该结构进行检查与安全评定。

宛平城墙为砖石土混合结构，东西两门上设城楼并辅有瓮城，南北两侧城墙上共有10个城楼，瓮城、城楼均为后期复建。

宛平城的照片见下图。

南侧城墙外立面

西侧城墙外立面

西侧瓮城

西侧外城门

西侧内城门

城墙西南角顶部

宛平城总平面示意图及各段平立面图见下图。

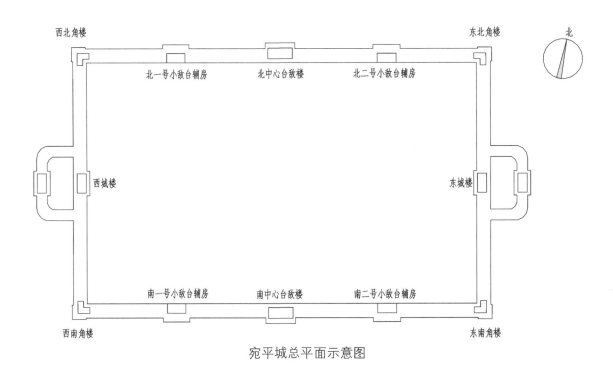

宛平城总平面示意图

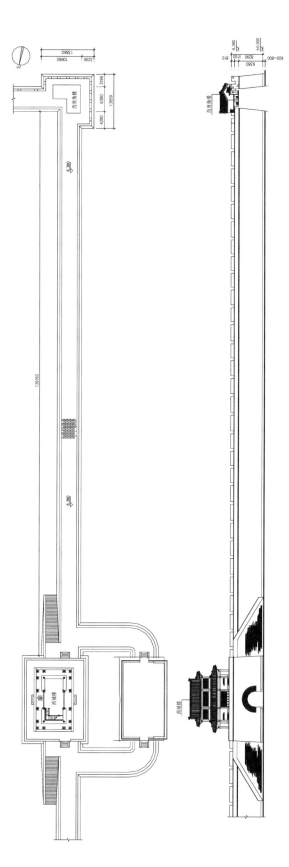

西城楼至西南角楼平面及立面图

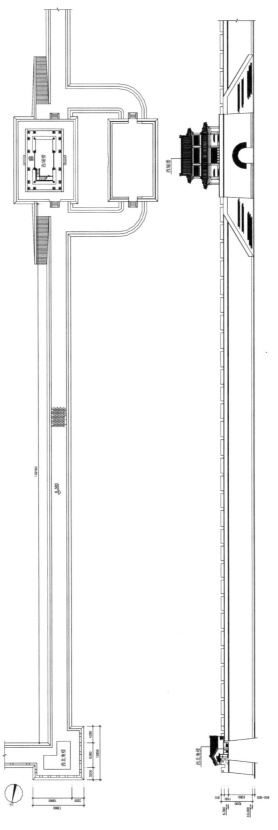

西北角楼至西城楼平面及立面图

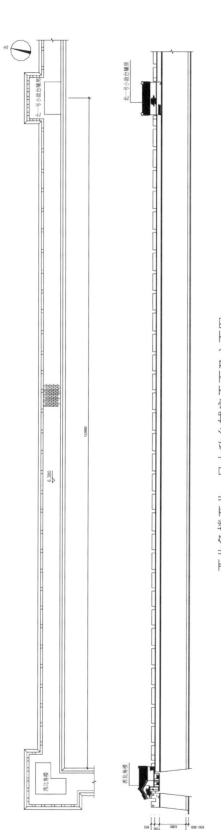

西北角楼至北一号小敌台铺房平面及立面图

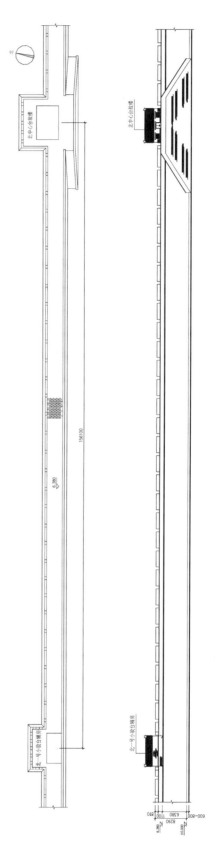

北一号小敌台铺房至北中心台敌楼平面及立面图

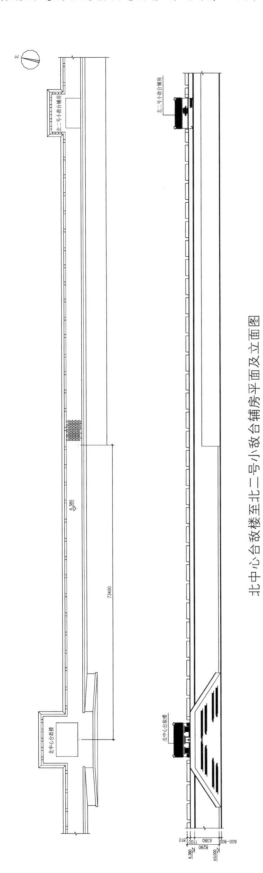

北中心台敌楼至北二号小敌台辅房平面及立面图

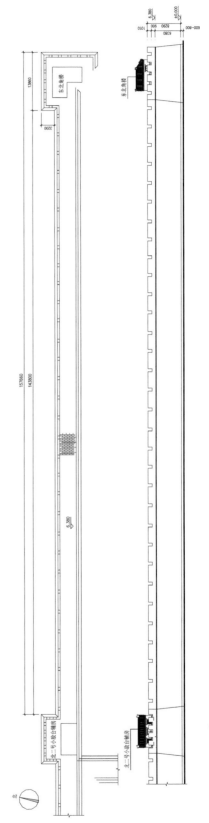

北二号小敌台辅房至东北角楼平面及立面图

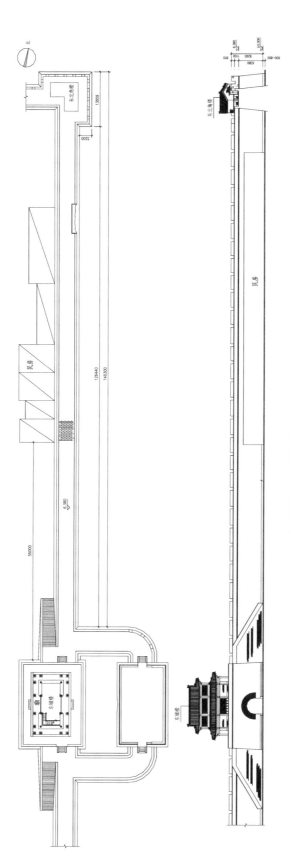

东城楼至东北角楼平面及立面图

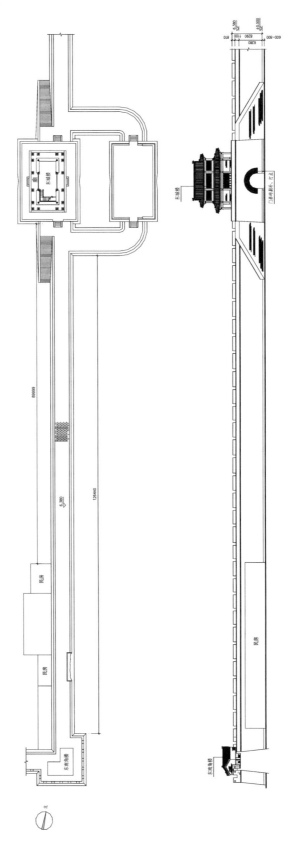

东城楼至东南角楼平面及立面图

2. 检查鉴定依据与内容

2.1 检查鉴定依据

（1）《古建筑木结构维护与加固技术规范》（GB 50165—92）

（2）《民用建筑可靠性鉴定标准》（GB 50292—1999）

（3）《危险房屋鉴定标准》（JGJ 125—99 2004 年版）

（4）《建筑地基基础设计规范》（GB 50007—2011）

2.2 检查鉴定内容

外观检查建筑主体结构和主要承重构件的承载状况；查找结构中是否存在严重的残损部位；根据检查结果，评估在现有使用条件下，结构的安全状况，并提出合理可行的维护建议。

3. 地基基础勘查

建研地基基础工程有限责任公司承担了本工程的岩土工程详细勘察工作。内容详见建研地基基础工程有限责任公司的《岩土工程勘察报告》（编号：DK1300202）。

主要结论如下：

（1）根据本次岩土工程勘察资料，结合区域地质资料，判定建筑场地无影响建筑物稳定性的不良地质作用，为可进行建设的一般场地。

（2）场地均匀性评价：根据本次勘察现有钻探地层资料，建筑场区地基土层除人工填土外在水平方向分布均匀，成层性较好，判定为均匀地基。

（3）建筑场地上部人工填土层均匀性较差，压缩性较高，承载力较低。

（4）建筑场地抗震设防烈度为8度。场地土类型属于中硬土，建筑场地类别判定为Ⅱ类。当抗震设防烈度为8度时，本场地的地基土判定为不液化。

（5）由于地下水埋藏较深，故可不考虑地下水对混凝土和钢筋的腐蚀性。在干湿交替作用环境下，本场地土对混凝土结构具有微腐蚀性，对混凝土中的钢筋具有微腐蚀性，对钢结构具有微腐蚀性。

（6）建筑场地地基土的标准冻结深度按 0.8 米考虑。

4. 地基基础雷达探查

采用地质雷达对城墙墙体进行探查，雷达天线频率分别为 150 兆赫和 300 兆赫，路线 1～10 为雷达沿墙体外侧进行测试的结果，路线 11～22 为雷达沿墙顶海墁进行测试的结果，其中路线 1～6，13～14 使用 150 兆赫雷达测试，其余使用 300 兆赫雷达测试。

假定探测范围内介质基本均匀，介电常数取 4。

（1）由路线 1～6 可见，雷达波 1.5 米厚度处出现明显分层，这与结构内部探查结果基本相符：墙体外侧 1.5 米左右厚度处为砖墙，内侧为夯土；其中，路线 3～6 内侧夯土反射波与路线 1～2 相比，稍显杂乱，内侧夯土可能存在区别；路线 2 在距起始点 60 米，深度 4.5 米处有一处强反射区域（A 点），此处可能存在异常，其余雷达测试结果未发现明显异常。

（2）由路线 13～22 可见，雷达波在 1 米深度处出现明显分层，由探查结果可知，海墁表面约 0.3 米内为砌砖，内侧为灰土，表明在 1 米处上下灰土的做法可能存在区别。在 1 米往下的区域，未发现明显异常。

由于雷达测试区域无法全面开挖与雷达图像进行比对，解释结果仅作为参考。

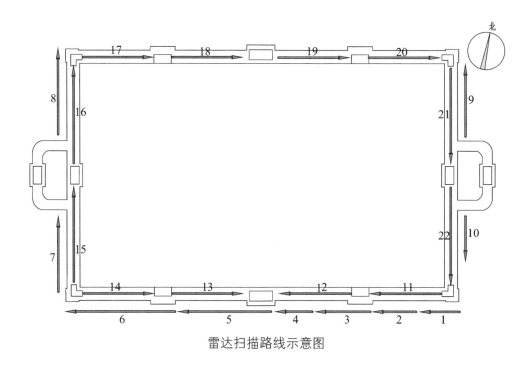

雷达扫描路线示意图

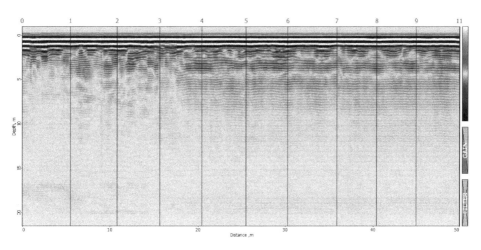

路线 1 雷达测试图

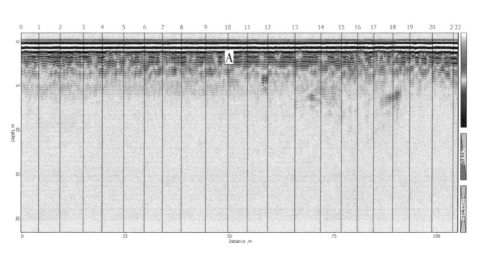

路线 2 雷达测试图

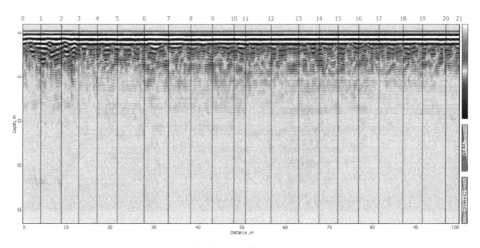

路线 3 雷达测试图

101

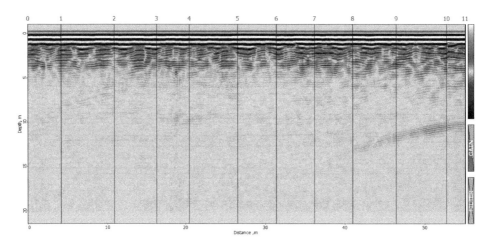

路线 4 雷达测试图

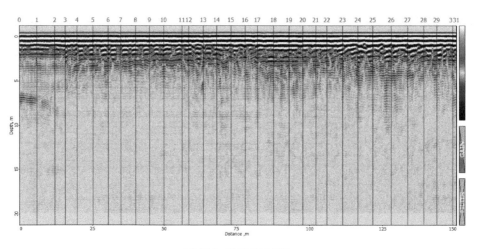

路线 5 雷达测试图

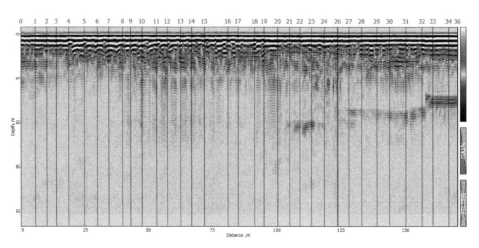

路线 6 雷达测试图

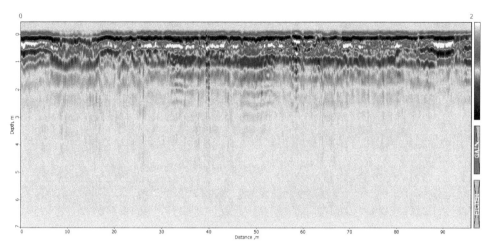

路线 7 雷达测试图

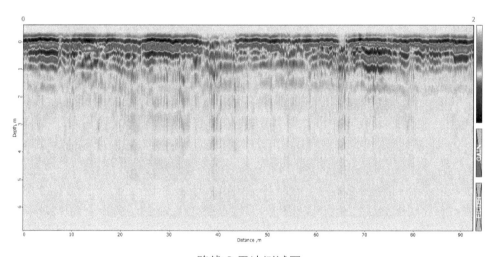

路线 8 雷达测试图

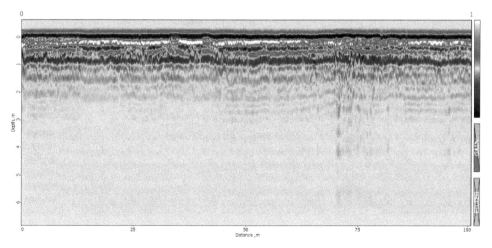

路线 9 雷达测试图

103

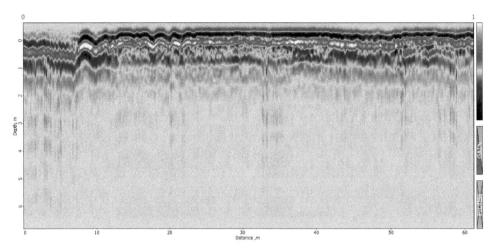

路线 10 雷达测试图

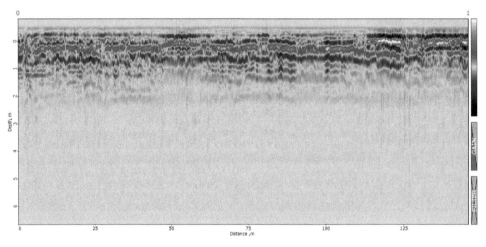

路线 11 雷达测试图

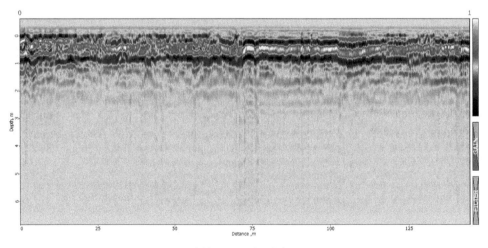

路线 12 雷达测试图

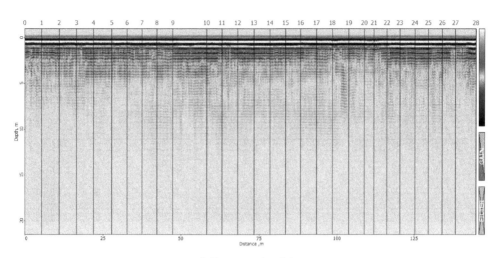

路线 13 雷达测试图

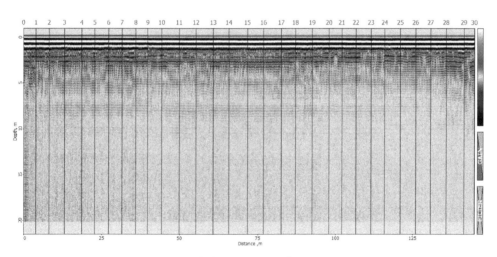

路线 14 雷达测试图

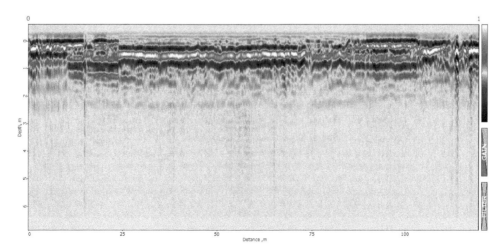

路线 15 雷达测试图

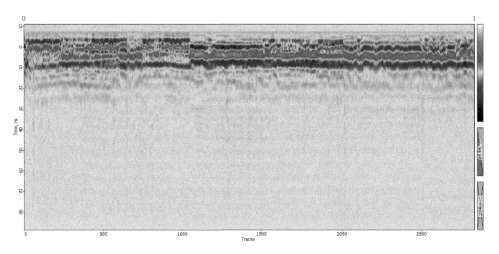

路线 16 雷达测试图

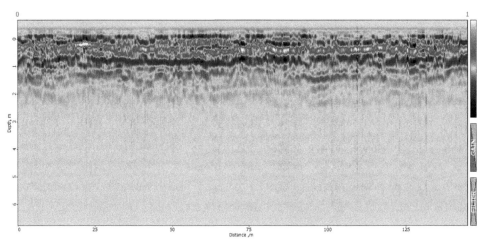

路线 17 雷达测试图

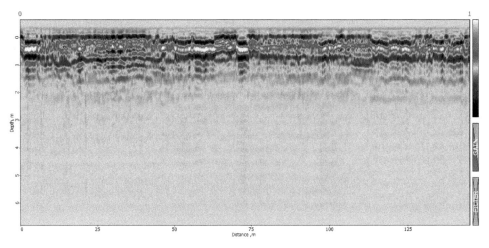

路线 18 雷达测试图

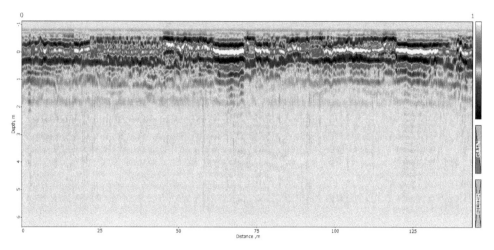

路线 19 雷达测试图

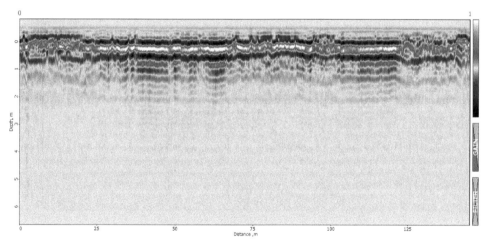

路线 20 雷达测试图

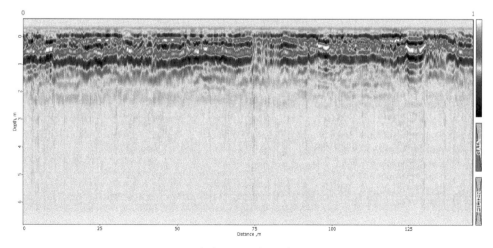

路线 21 雷达测试图

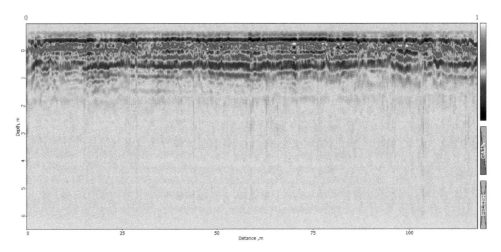

路线 22 雷达测试图

5. 结构振动测试

现场使用 941B 型超低频测振仪、Dasp 数据采集分析软件对结构进行振动测试，测振仪放置在墙顶海墁中间部位，主要测量各段墙体的固有频率，测点位置简图、测试结果统计表及详细测试结果如下所示。

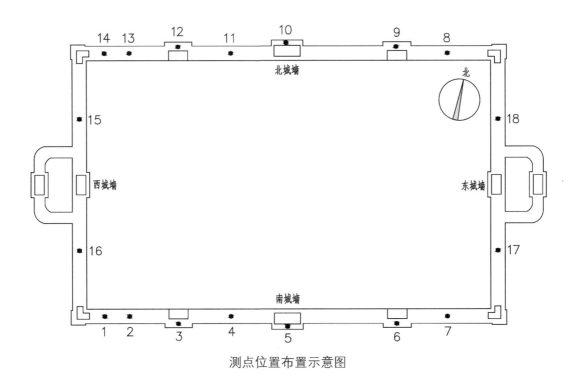

测点位置布置示意图

结构振动测试结果表

位置	方向	峰值频率（赫兹）
南城墙 1 号点	南北向	4.88
南城墙 2 号点	南北向	6.25
南城墙 3 号点	南北向	5.86
南城墙 4 号点	南北向	5.76
南城墙 5 号点	南北向	6.93
南城墙 6 号点	南北向	6.05
南城墙 7 号点	南北向	5.86
北城墙 8 号点	南北向	6.54
北城墙 9 号点	南北向	5.86
北城墙 10 号点	南北向	6.05
北城墙 11 号点	南北向	5.66
北城墙 12 号点	南北向	5.66
北城墙 13 号点	南北向	5.27
北城墙 14 号点	南北向	5.27
西城墙 15 号点	东西向	6.64
西城墙 16 号点	东西向	5.86
东城墙 17 号点	东西向	6.84
东城墙 18 号点	东西向	6.54

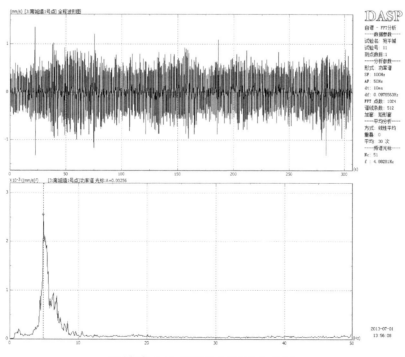

南城墙 1 号点南北向测试曲线图

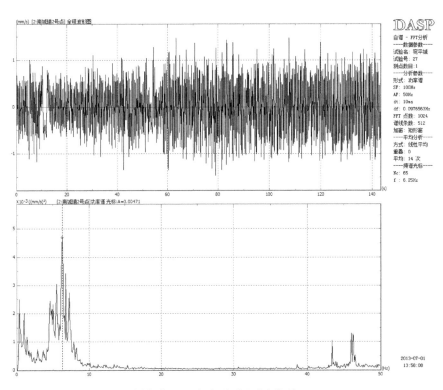

南城墙 2 号点南北向测试曲线图

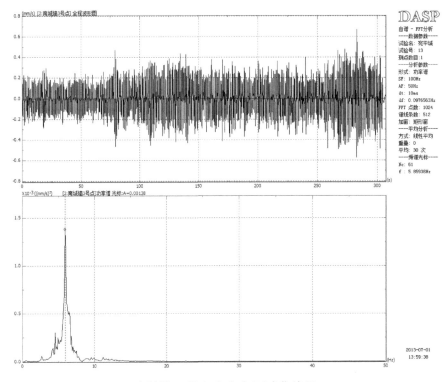

南城墙 3 号点南北向测试曲线图

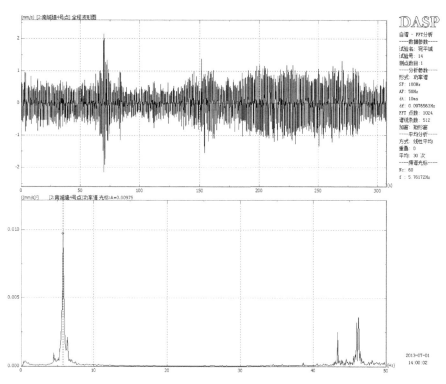

南城墙 4 号点南北向测试曲线图

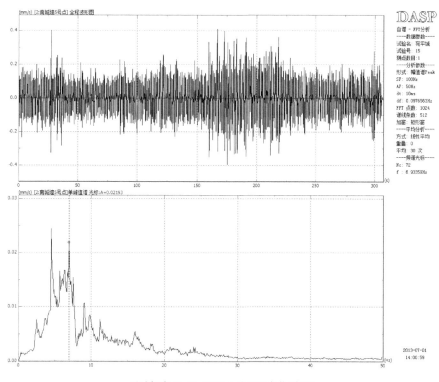

南城墙 5 号点南北向测试曲线图

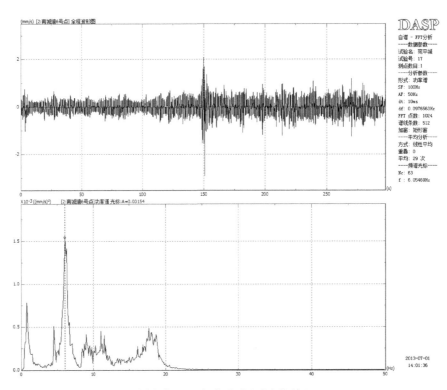

南城墙 6 号点南北向测试曲线图

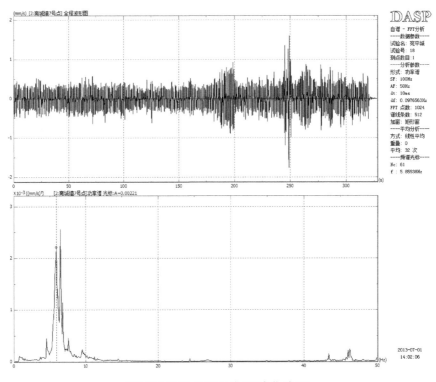

南城墙 7 号点南北向测试曲线图

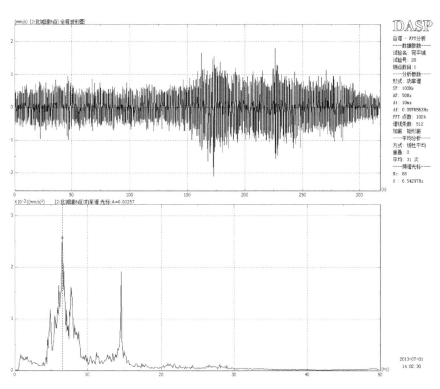

北城墙 8 号点南北向测试曲线图

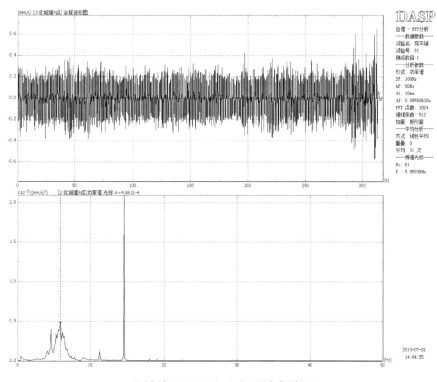

北城墙 9 号点南北向测试曲线图

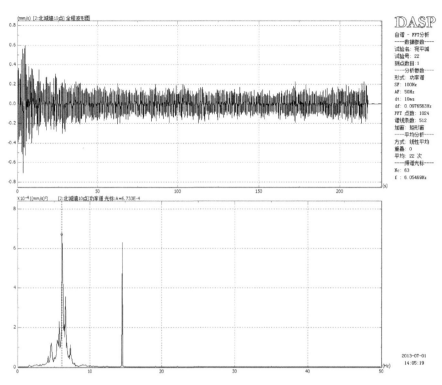

北城墙 10 号点南北向测试曲线图

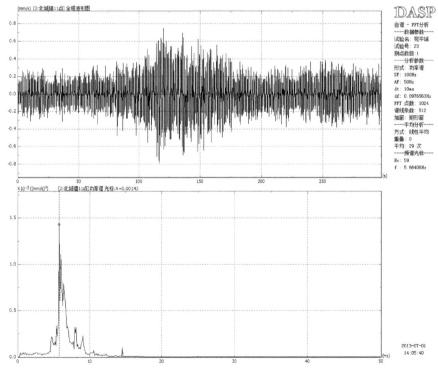

北城墙 11 号点南北向测试曲线图

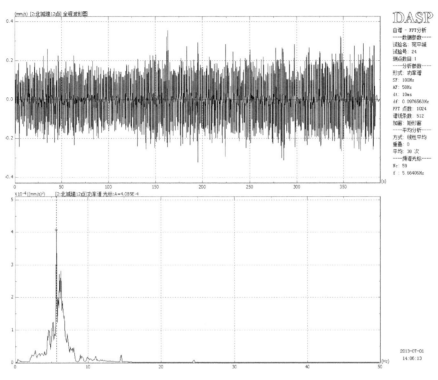

北城墙 12 号点南北向测试曲线图

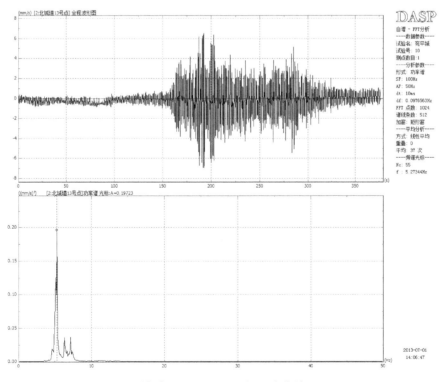

北城墙 13 号点南北向测试曲线图

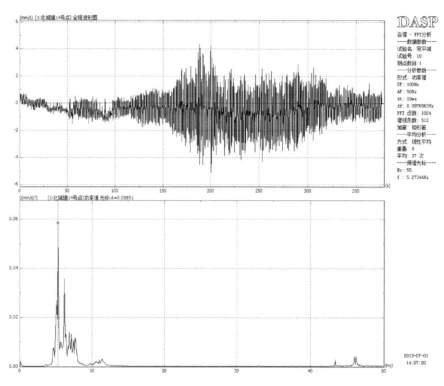

北城墙 14 号点南北向测试曲线图

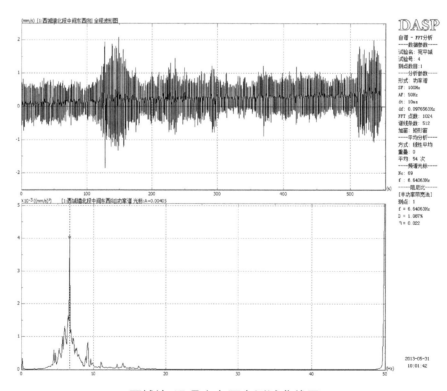

西城墙 15 号点东西向测试曲线图

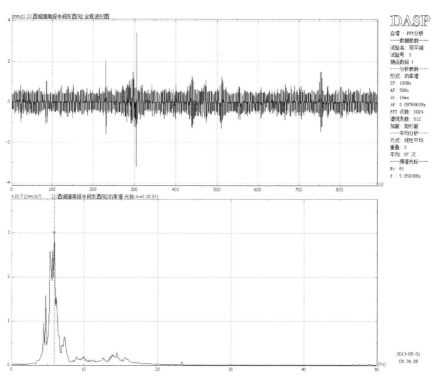

西城墙 16 号点东西向测试曲线图

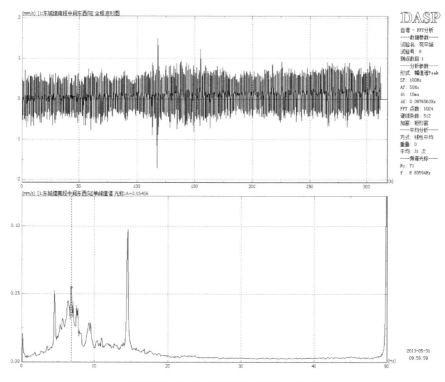

东城墙 17 号点东西向测试曲线图

117

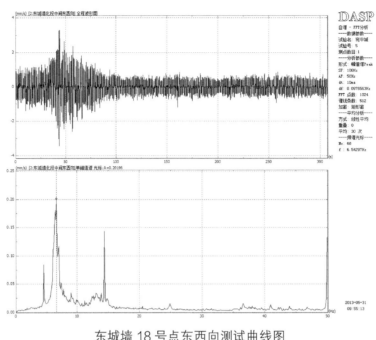

东城墙 18 号点东西向测试曲线图

自振频率是由质量和刚度共同决定的，其中，建筑平面体型、墙体布置、结构内部损伤等因素会影响结构的刚度。由检测结果可见，城墙各部位的频率在 4.88 赫兹到 6.93 赫兹之间，由于城墙为双向对称结构，对以下对称部位的测试结果进行比较分析：1）测点 2、7、8、13 为对称部位，其频率分别为 6.25 赫兹、5.86 赫兹、6.54 赫兹、5.27 赫兹，可见，测点 2 及测点 8 频率相对较高，其中，测点 2 处于后期修缮墙体处，测点 2 相邻位置的测点 1 频率最低，仅为 4.88 赫兹，此测点位于墙体臌胀处附近，见下图，此部分墙体质量可能存在差异；2）测点 3、6、9、12 为对称部位，其频率分别为 5.86 赫兹、6.05 赫兹、5.86 赫兹、5.66 赫兹，以上位置的频率差别不大；3）测点 15、16、17、18 为对称部位，其频率分别为 6.64 赫兹、5.86 赫兹、6.84 赫兹、6.54 赫兹，西城墙南段的频率较低，仅为 5.86，此部分墙体质量可能存在差异。

6. 外观质量检查

6.1 墙体内部结构探查

南侧城墙西侧第一段中间部分为后期修缮，经外观检查，后修的墙体及墙顶海墁与原墙体均存在明显的分界线，外侧约 45 米长墙体为后期修缮，墙顶同样部位的海墁也为后期修缮，内侧约 25 米长墙体为后期修缮，后期修缮墙体位置、外观照片见下图。

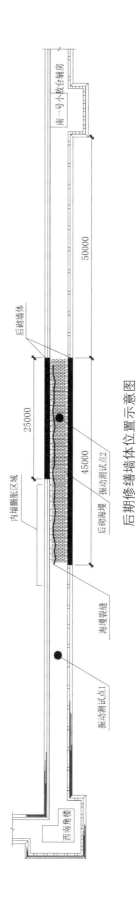

后期修缝墙体位置示意图

内侧后修墙体

外侧后修墙体

　　为了了解城墙的内部构造，采用水钻低速对城墙墙体进行了钻孔探查。钻探位置选择在墙体底部侧面及墙顶海墁处，主要对以下两个部位进行钻探分析比对：南段城墙的原墙体及后期修缮墙体；钻孔数量为4个，竖向钻孔2个（1、2号芯），水平钻孔2个（3、4号芯），竖向钻探深度约为0.5米，水平钻探深度约为1.8米，钻孔直径φ=70毫米。钻孔位置、钻孔探查结果见下图。

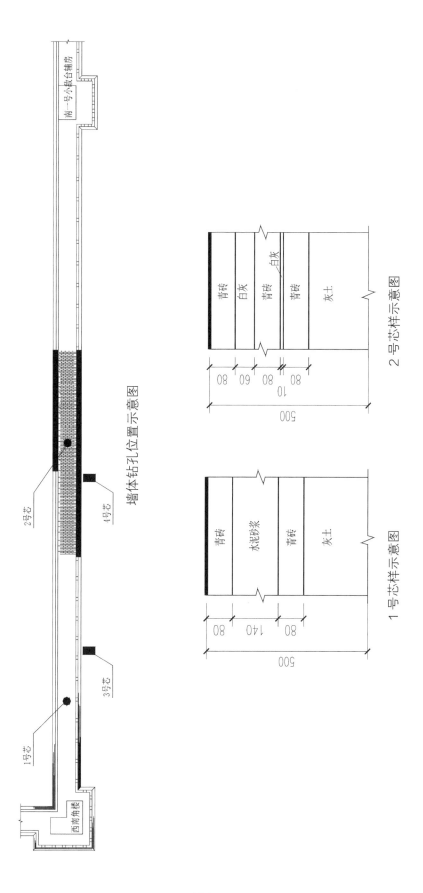

墙体钻孔位置示意图

2号芯样示意图

1号芯样示意图

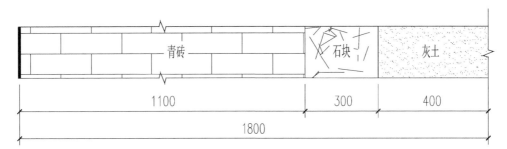

3号芯样示意图

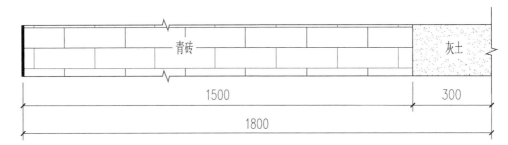

4号芯样示意图

1号芯样照片

2号芯样照片

3 号芯样照片

4 号芯样照片

探查结果表明：

（1）后修城墙与原城墙的结构存在一定的差异，水平钻孔探查的高度基本一致，通过钻孔发现，原城墙砖墙厚度约为 1.1 米，里面约为 30 厘米的石块，再往里即为灰土；而后修城墙砖墙厚度约为 1.5 米，没有石块层，往里即为灰土。

（2）后修海墁与原海墁的结构存在一定的差异，通过钻孔发现，原海墁上部有两层青砖，青砖之间为水泥砂浆，青砖下方为灰土，后修海墁则为三层青砖，青砖之间为白灰砂浆，青砖下面为灰土。

（3）在钻取 4 号芯时发现，在距城墙外侧 80 厘米附近水钻阻力极小，非常轻松即可推进，且取出钻样的长度明显小于水钻推进的深度，表明砖墙的内部可能不密实或存在孔洞。

6.2 地基基础探查

经外观检查，原有基础损坏较严重，部分阶条石断裂缺失，表面开裂，风化酥碱严重，并导致部分墙体出现开裂，重修部位的阶条石基本完好。基础现状照片见下图。

基础风化酥碱

后修基础基本完好

墙体裂缝

通过局部开挖调查本结构基础情况，开挖位置在南侧城墙西侧第一段中间部位，现场开挖后的照片见下图。

北侧基础现场开挖照片

墙体基础为条石基础，条石基础中间有厚度约为285毫米的黄土垫层，条石基础下方为200毫米的灰土垫层，灰土垫层从条基外放脚1250毫米。基础情况调查结果见下图。

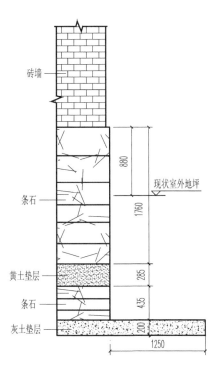

局部开挖部位基础剖面图

125

6.3 结构外观质量检查结果

经检查，结构存在的残损现象如下：

（1）风化侵蚀

城墙表面普遍存在风化侵蚀的现象，如砖表面层状、块状剥落，酥碱粉化，砌缝冲刷脱空等；部分破损的墙面曾进行过修补；目前，内墙的风化破坏程度比外墙严重，北墙、东墙的风化破坏程度比南墙严重，瓮城由于是后期修建，大部分现状良好，仅在内瓮城北侧墙体中间部位存在风化侵蚀现象。

风化侵蚀现象多发生于墙体的中部和下部部位，照片见下图。

北墙东侧内部墙面风化侵蚀

东瓮城北墙中部风化侵蚀

马面风化侵蚀

东墙南侧内部墙面风化侵蚀

127

（2）历史破坏痕迹

外墙多处存在历史战争遗留的弹坑和墙体豁口，照片见下图。

历史战争遗留弹坑　　　　　　　　　历史战争遗留豁口

（3）植物根系影响

在城墙上部、底部及墙面存在一些杂草杂树，植物根系深入城墙导致砖墙胀裂，造成城墙局部破坏，照片见下图。

植物根系生长致城墙胀裂（一）

植物根系生长致城墙胀裂

（4）墙体表面裂缝

墙体表面多处存在竖向裂缝，裂缝主要存在于南侧城墙的外侧，约有十余条，裂缝形态有上下贯通的，自上部往下延伸的，自下部往上延伸的，墙体中部的，大部分裂缝都经过封闭处理，没有进一步开裂，其中，东南侧马面存在的裂缝宽度较大，有进一步发展的趋势。裂缝位置示意、裂缝照片见下图。

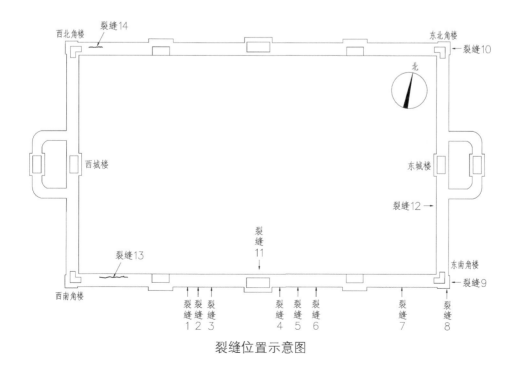

裂缝位置示意图

129

墙体裂缝（一）

墙体裂缝（二）

墙体裂缝（三）

墙体裂缝（四）

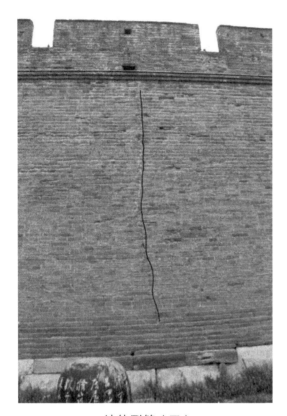

墙体裂缝（五）

墙体裂缝（六）

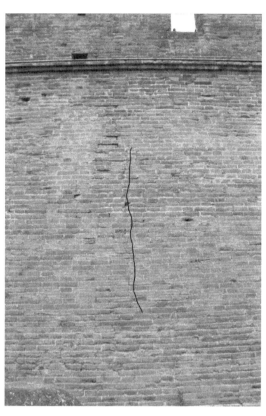

墙体裂缝（七）

墙体裂缝（八）

墙体裂缝（九）

墙体裂缝（十）

墙体裂缝（十一）

墙体裂缝（十二）

（5）墙顶海墁裂缝

南城墙西段局部海墁为后修，在后修海墁上存在水平裂缝，裂缝距离内侧墙体约1米左右，裂缝长度约40米，开裂海墁处内侧墙体局部出现臌胀现象，发生臌胀的墙体为旧墙；在北城墙西段海墁上也存在水平裂缝，裂缝长度约20米。裂缝照片和膨胀照片见下图。

墙体裂缝（十三）

墙体裂缝（十四）

墙体臌胀

（6）东西城门拱券受到外力撞击产生局部破损，见下图。

拱券破损

137

（7）拱券局部渗水，拱券内表面存在碱迹，见下图。

拱券碱迹

（8）南墙西段后修墙体与原墙体接缝处起伏不平，由于此部分墙体为后期修缮，后修墙体与原墙体在接缝处存在施工上的偏差，导致表面起伏不平，照片见下图。

后修城墙与原城墙接缝处起伏不平

6.4 主体结构倾斜情况

由于条件限制，只测量城墙外侧墙面的倾斜程度，测量使用吊坠进行，吊坠从外侧垛口悬出，测量砖墙上部、中部以及下部部位距吊线的距离 h1，h2，h3，测量方法示意图和城墙倾斜测点位置平面图如下。

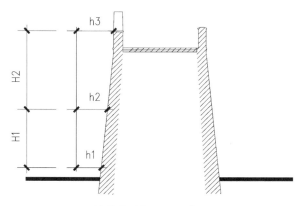

墙体倾斜测量示意图

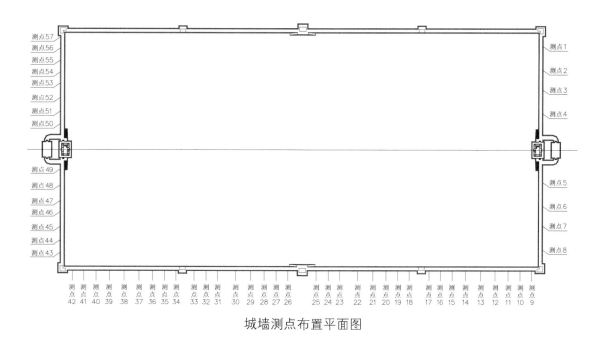

城墙测点布置平面图

城墙倾斜测量结果见下表。

城墙倾斜测量结果表

测量位置	水平距离			H1段倾斜率（%）
	h1（厘米）	h2（厘米）	h3（厘米）	
测点 1	69	45	13	9
测点 2	65.5	42	14.1	8
测点 3	67	49	14.5	9
测点 4	68	46	12	9
测点 5	75	45	15	8
测点 6	75	44	16	8
测点 7	73	51	21	8
测点 8	64.5	42	15	7
测点 9	70	46	16	8
测点 10	66.5	53	20	9
测点 11	67	47	15	9
测点 12	74	56	19	10
测点 13	65	50	17	9
测点 14	66	46	13	9
测点 15	65.5	45	16	8
测点 16	65	44	13	8
测点 17	67.5	42	13	8
测点 18	68	41	13	8
测点 19	65	41	10	8
测点 20	70	43	16	7
测点 21	69	42	19	6
测点 22	70	37	18	5
测点 23	67	40	9	8
测点 24	66.5	39	6	9
测点 25	65	40	11	8
测点 26	66	40	8	9
测点 27	67.5	42	12	8
测点 28	64.5	40	10	8

续表

测量位置	水平距离			H1 段倾斜率（％）
	h1（厘米）	h2（厘米）	h3（厘米）	
测点 29	67	38	10	8
测点 30	62	41	9	9
测点 31	69.5	43	11	9
测点 32	66	38	12	7
测点 33	68.5	43	15	8
测点 34	66	39	10	8
测点 35	64	41	12	8
测点 36	64	39	13	7
测点 37	64	41	16	7
测点 38	63	39	22	5
测点 39	63	38	21	5
测点 40	63	43	25	5
测点 41	65	44	23	6
测点 42	65	43	17	7
测点 43	63.5	36.5	6	8
测点 44	64.5	39	12	7
测点 45	64.5	38	10	8
测点 46	64	42	11	8
测点 47	63	46	7	11
测点 48	60	45	11	9
测点 49	63.5	44	12	9
测点 50	65	43	15	8
测点 51	63.5	41	9	9
测点 52	65.5	43	6	10
测点 53	68	45	14	8
测点 54	65.5	38	9	8
测点 55	66.5	40	9	8
测点 56	65	41	12	8
测点 57	62	43	18	7

墙体倾斜测量结果见上表，墙体由下往上渐收，下半部分的倾斜率基本一致，南墙后修部分墙体（测点 38～40）的倾斜率比原有墙体稍有不同，坡度更陡一点，这也是导致上部接缝处呈现起伏不平的原因。

6.5 砂浆和砖强度等级检测

砌体砖墙强度检验结果

采用回弹法检测砌体砖抗压强度，由检测结果可见，砖回弹数据比较离散，这主要是由于城墙经过多次修缮，部分破损的砖块已经过修补和替换，导致不同时期的砖均同时出现。经现场检查发现，南墙及西墙砖面相对比较新，瓮城由于是八十年代后修，瓮城砖面也比较新，上述部位砖的回弹数值较高，而东墙外侧及北墙内外侧砖面状况比较差，大部分都属于未修补前的旧砖，回弹数值比较低。东城墙北段存在一处豁口，内侧重新砌了新墙，在外侧的旧墙上抽取部分砖样进行了抗压强度试验，为方便比较，将砖回弹数据按表面新旧状况分两批进行统计，并与砖试验抗压强度值进行比较分析。

砖回弹检测测点位置平面图见下图。

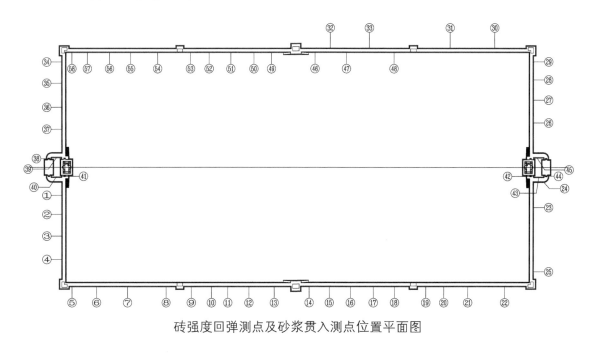

砖强度回弹测点及砂浆贯入测点位置平面图

根据 GB/T 50315—2011，回弹检测计算结果统计、砖试件抗压强度试验结果见下表，砖试件照片见下图。

墙砖强度具体检测表

批次	测点编号	回弹值	换算值（兆帕）	平均值	备注
1	1	32.8	8.1	6.3	南墙、西墙及瓮城墙面；砖测区表面状况相对较好
	2	31.3	6.8		
	3	31.1	6.7		
	4	28.8	4.9		
	5	29.3	5.3		
	6	28.3	4.6		
	8	30.3	6.0		
	9	30.7	6.4		
	10	29.4	5.4		
	12	30.4	6.1		
	13	31.8	7.2		
	15	30.2	5.9		
	16	29.8	5.7		
	20	30	5.9		
	21	28	4.7		
	22	30.2	6		
	34	31.2	6.8		
	35	29.8	5.6		
	36	28.4	4.8		
	37	28.5	4.7		
	40	32.6	7.8		
	41	32.6	7.9		
	43	33.7	9.0		
	44	33.4	8.6		
	45	31.7	7.2		
2	23	27.1	3.9	4.1	北墙及东墙墙面；砖测区表面状况相对较差
	25	27.2	3.9		
	26	29.6	5.5		
	27	29.4	5.5		
	28	27	3.8		

续表

批次	测点编号	回弹值	换算值（兆帕）	平均值	备注
2	29	28.4	4.6	4.1	北墙及东墙墙面；砖测区表面状况相对较差
	30	26.5	3.4		
	33	26.1	3.2		
	49	28	4.4		
	50	27.8	4.4		
	51	26.9	3.7		
	52	27	3.7		
	54	25.9	3.3		
	55	25.8	3.4		

砖试件抗压强度试验结果表

砖试件编号	砖试件抗压强度（兆帕）	试验结果	备注
1	4.7	平均值 6.6 标准差 1.38 变异系数 0.21 最小值 4.7	取样部位在东墙北段
2	6.5		
3	8.0		
4	7.0		

部分砖试件照片

由检测结果可知，各构件的回弹强度换算值为 3.20 兆帕～9.00 兆帕，其中，较旧批次砖的回弹值均值为 4.1 兆帕，对应的砖试件抗压强度平均值为 6.6 兆帕，较新批次砖的回弹值均值为 6.3 兆帕。

砂浆强度检验结果

由于城墙经过多次修缮，城墙上存在多种类型的砂浆如白灰砂浆，青灰砂浆以及水泥砂浆，采取贯入法检测砌体墙的砂浆强度，根据 JGJ/T 136—2001，由于变异系数偏大，不能按批评定，仅给出单个构件的评定结果，各构件地灌入强度换算值为 0.50 兆帕～4.60 兆帕。砂浆贯入检测结果、砖墙的砂浆强度具体检测数据见下表。

砂浆强度贯入检测表

平均值（兆帕）	标准差（兆帕）	变异系数
1.86	1.05	0.56

砂浆强度检测表

测点编号	贯入深度 d_i（毫米）	换算值（兆帕）
1	10.76	0.90
2	9.92	1.10
3	8.54	1.50
4	6.97	2.30
5	7.48	2.00
6	5.11	4.60
7	9.07	1.30
8	5.70	3.60
9	7.48	2.00
10	7.01	2.30
11	6.75	2.50
12	6.63	2.60
13	5.14	4.60
14	6.49	2.70
15	6.88	2.40

续表

测点编号	贯入深度 d_i（毫米）	换算值（兆帕）
16	7.77	1.80
17	6.44	2.80
18	8.38	1.50
19	10.25	1.00
20	8.44	1.50
21	9.29	1.20
22	9.80	1.10
23	10.29	1.00
37	10.52	1.00
36	13.96	0.50
35	14.46	0.50
34	12.26	0.70
46	7.84	1.80
47	9.90	1.10
48	9.16	1.30
49	6.76	2.40

6.6 地面高差测量

南城墙西南角楼至南一号小敌台辅房地面高差测量结果见下图，南一号小敌台辅房至南中台敌楼地面高差测量见下图，+0处为每段的最低点。由测量结果发现，城墙海墁呈现东侧低西侧高的趋势，详细测量最西段城墙海墁，海墁为双向放坡，海墁每个测点沿横截面测量3个数（最外侧，中间，最内侧），将3个位置之间的高差两两进行比较，统计结果见下表，可以发现6、8、9测点的最内侧与中间点的高差明显高于其他位置，且处于后修海墁裂缝内侧，表明此部位可能存在一定程度的塌陷。

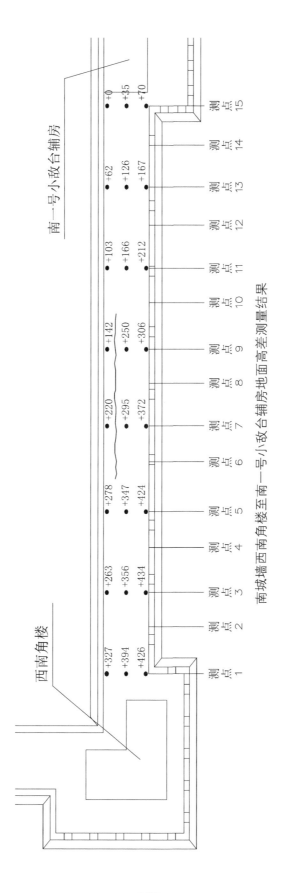

南城墙西南角楼至南一号小敌台辅房地面高差测量结果

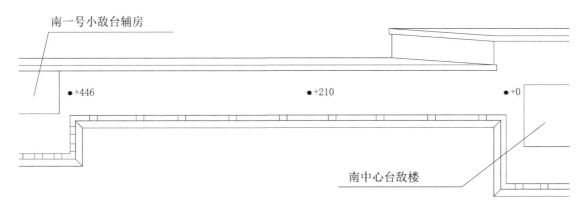

南一号小敌台辅房至南中台敌楼地面高差测量结果

地面高差详细测量表

测点编号	最内侧地面相对高差	中间地面相对高差	最外侧地面相对高差	高差1（中间地面高度减去最内侧地面高度）	高差2（最外侧地面高度减去中间地面高度）
1	+327	+394	+426	+67	+32
2	+309	+384	+445	+75	+61
3	+263	+356	+434	+93	+78
4	+264	+351	+449	+87	+98
5	+278	+347	+424	+69	+77
6	+245	+352	+427	+107	+75
7	+220	+295	+372	+75	+77
8	+167	+268	+328	+101	+60
9	+142	+250	+306	+108	+56
10	+135	+219	+270	+84	+51
11	+103	+166	+212	+63	+46
12	+82	+140	+171	+58	+31
13	+62	+126	+167	+64	+41
14	+10	+72	+127	+62	+55
15	0	+35	+70	+35	+35

7. 墙体损坏原因分析

风化侵蚀

风化侵蚀主要是由于城墙砖砌体在自然界中受温度变化、大气和水的侵蚀及生物作用等外界因素的影响，发生的物理、化学和生物变化，如砖表面层状、块状剥落，酥碱粉化，砌缝冲刷脱空等，导致结构的承载力和耐久性降低的现象。

本结构风化侵蚀现象多发生于墙体的中部和下部部位，此部分墙体较易受到雨水的影响，导致这些部位的砖砌体含水率较大，风化侵蚀的程度比较明显。

墙体裂缝

本结构出现的裂缝主要有以下几种类型：

（1）沉降裂缝

由地基不均匀沉降以及原有基础损坏导致了部分墙体出现沉降裂缝，此种裂缝的形态一般为自下往上发展，如裂缝 2；部分裂缝后期经过修补，通过观察后抹砌缝发现，大部分砌缝没有继续开裂，裂缝没有明显的发展趋势，判断裂缝为陈旧性裂缝，地基沉降已基本稳定。

此类裂缝建议进行定期观察，如发现裂缝有发展的趋势或出现新的裂缝，应及时进行处理。

（2）温度裂缝

温度变化会引起材料的热胀冷缩，当材料随温度变化发生变形时，墙体内部会产生应力，由于城墙长度较长且北方气候温差较大，在温度的反复作用下，墙体将会发产生较大的拉压应力，当拉应力大于其抗拉强度时，墙体即会发生开裂。

城墙上出现的裂缝有较多的温度裂缝，此种裂缝主要发生于南侧墙体，分析原因是南侧墙体为向阳面，温差相对更大一些；裂缝多发于墙体的中部，向上下两个方向延伸，且基本呈等间距布置，如裂缝 3、4、5、6、7。此类裂缝一般不影响结构安全使用，但对结构的耐久性有一定影响。

（3）受力裂缝

东南马面存在两条竖向裂缝（裂缝 8 和裂缝 9），裂缝示意图见下图，分析原因是马面顶面建有角楼，受载较大，且东侧马面由于存在弹坑及风化侵蚀造成墙体表面损坏较严重，并存在水分侵入夯土内的可能，致使墙体有效截面变小，结构承载力降低。

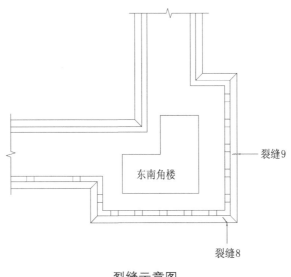

东南角楼

裂缝9

裂缝8

裂缝示意图

此类裂缝宽度较大，容易造成马面角部墙体部位的坍塌，对于城墙的安全影响较大。

海墁裂缝

经检查，南侧后修海墁上存在水平裂缝（裂缝11），且裂缝内侧地面与周围地面相比存在一定程度的塌陷，裂缝内侧墙体局部存在一定的臌胀。

为了解墙体臌胀的原因，采用 ANSYS 结构计算程序模拟城墙结构，分析两侧城墙的受力特点。由于城墙长度较长，按平面应变问题考虑。砖墙采用 Plane42 单元，土体的模型采用了 DP 本构模型，按经验取砖墙的弹性模量为 0.93×10^9 帕，泊松系数为 0.15，密度为 1700 千克/立方米，土体的弹性模量为 2×10^8 帕，黏聚力为 19 千帕，摩擦角和膨胀角均为 30°。

通过分析应力云图可知，x 方向应力在城墙底部内侧产生压应力集中现象，最大压应力为 0.05 兆帕，y 方向应力在城墙底部产生应力集中现象，外侧受压，内侧受拉，最大压应力为 0.33 兆帕，最大拉应力为 0.21 兆帕。

由于城墙内侧底部存在拉应力，当上部后修海墁存在雨水渗入时，导致夯土内部存在水分，水分会使土体膨胀，增大墙体的负荷，同时降低夯土的力学性能，当底部拉应力超过了墙体的承载能力，就会导致墙体发生损坏。

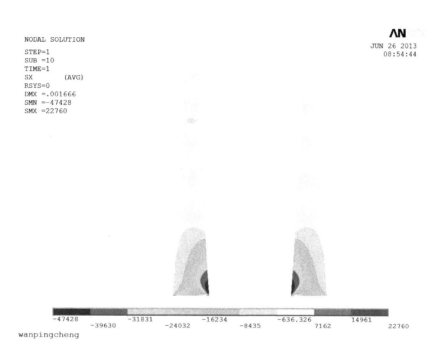

X 方向节点应力图

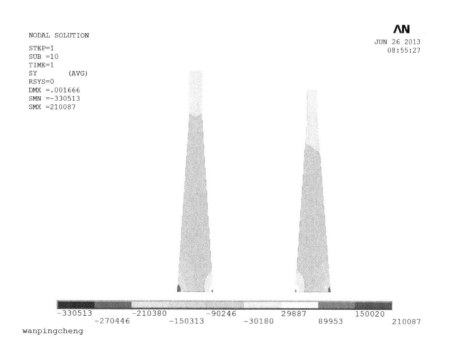

Y 方向节点应力图

151

8. 结构外观检查

（1）原有基础损坏较严重，部分阶条石断裂缺失，表面开裂，风化酥碱严重。

（2）城墙表面普遍存在风化侵蚀的现象，如砖表面层状、块状剥落，酥碱粉化，砌缝冲刷脱落。

（3）外墙多处存在历史战争遗留的弹坑及豁口。

（4）城墙表面存在植物生长，植物根系深入城墙导致砖墙胀裂，造成城墙局部破坏。

（5）东西城门拱券受到外力撞击产生局部破损。

（6）拱券局部渗水，拱券内表面存在碱迹。

（7）南墙后修墙体与原墙体在接缝处存在施工上的偏差，呈现起伏不平。

（8）经检测，墙体砖的回弹强度换算值为 3.20 兆帕～9.00 兆帕；墙体砂浆地灌入强度换算值为 0.50 兆帕～4.60 兆帕。

（9）墙体表面多处存在竖向裂缝，裂缝主要存在于南侧城墙的外侧，其中，东南角马面处裂缝存在进一步发展的趋势，存在安全隐患，有角部墙体坍塌的可能性。

（10）北城墙西段海墁上存在水平裂缝，南城墙西段海墁也存在水平裂缝且裂缝内侧墙体下部出现臌胀现象，裂缝内侧海墁存在一定程度的塌陷，此部位墙体存在安全隐患，有砖墙鼓闪及边坡失稳的可能性。

9. 结构安全性鉴定

宛平城城墙存在较多坏损现象，其中，南城墙西段及东南角马面墙体的坏损已影响结构的安全和正常使用，有必要采取加固或修理措施。

10. 处理建议

（1）建议对表面开裂及风化侵蚀程度严重的砖墙面、阶条石进行修补，灰缝脱落处重新勾缝。

（2）彻底清除城墙上的杂草杂树，避免其根系的生长造成城墙砌体的破坏。

（3）建议对砌体墙的裂缝进行封闭处理；对于裂缝开展比较严重的部位，还应当结合墙体的实际损坏情况进行修补加固处理。

（4）城墙顶部开裂处海墁建议重新铺砌，并设置防水层，以防止雨水渗入城墙内部侵蚀墙体。

（5）对破损处拱券进行修补，恢复原状。

（6）建议将拱券碱迹部位进行清除，涂防水剂，并对顶部路面进行防水处理。

（7）由于南侧后修墙体与原墙体在接缝处存在施工上的偏差，如有条件可以重新砌筑。

（8）对南城墙西段臌胀处及东南角马面墙体开裂处，建议进行加固处理，并进行变形监测，变形监测应包括墙体水平位移监测、倾斜监测、裂缝监测等内容，测点宜按相关规范要求进行布置，采用全站仪等设备进行定期观测，尤其是连阴雨和暴雨季节，如果发现异常，应及时向相关单位进行报告，如有条件以上部位可以重新砌筑。

第五章　香山团城南、北城楼结构安全检测

1. 建筑概况

团城演武厅建于清乾隆十四年（1749年），风景秀丽的香山南麓，是北京仅存的城池、殿宇、亭台、碉楼、教场混为一体的武备建筑群。古建艺术风格独特。团城演武厅是乾隆皇帝阅兵的场所，又是健锐云梯营演武之地，布局别具特色，建筑宏伟壮观。其主要现存主要建筑为团城、南城楼、北城楼、演武厅、西城楼门、碑亭等。团城演武厅为环形城堡式建筑，其外有护城河围绕，跨河与城门相对筑有汉白玉石桥。

团城南、北城楼曾于1993年大修，以后又经历了几期的修缮。最近的一次在2005年，主要对城楼进行建筑修缮，拆砌修补了南城墙北侧上部坏损的砖墙面。

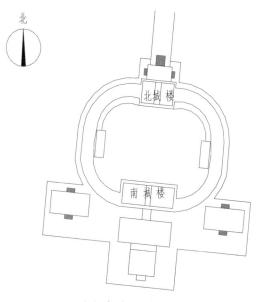

香山演武厅平面图

2. 检测鉴定依据与内容

2.1 检测鉴定依据

进行结构检测鉴定参照的主要依据如下：

（1）《民用建筑可靠性鉴定标准》（GB 50292—1999）

（2）《危险房屋鉴定标准》（JGJ 125—99，2004）

（3）《建筑结构检测技术标准》（GB/T 50344—2004）

（4）《建筑地基基础设计规范》（GB 50007—2002）

（5）《建筑结构荷载规范》（GB 50009—2001，2006）

（6）《砌体结构设计规范》（GBJ 3—88）

（7）《古建筑木结构维护与加固技术规范》（GB 50165—92）

（8）北京市古代建筑研究所提供的有关技术资料

2.2 检测鉴定内容

经与委托方协商，进行结构检测鉴定项目如下：

（1）城楼地基基础承载状况评估；

（2）主体结构外观质量检查；

（3）维护结构外观质量检查；

（4）结构的整体变位和支承情况检测；

（5）结构承载状况分析；

（6）结构安全性鉴定；

（7）对存在问题提出处理建议。

3. 南城楼主体结构安全检测

3.1 主体结构

南城楼位于团城南门的上方，城楼正面朝南，建筑形制为五檩、二滴水歇山正楼，见下图。

南城楼西、北立面

南城楼主体结构采用木结构建造，明间 3.85 米，次间 3.55 米，稍间 3.22 米，周围廊深 1.30 米，通面阔 19.99 米，进深 5.50 米，廊深 1.30 米，通进深 7.10 米；金柱直径 380 毫米，檐柱直径 350 毫米，金柱高 7.21 米，檐柱高 4.21 米，金柱 5.0 米标高处设有天花梁枋，金柱顶支承由抬梁构架组成的歇山屋顶，檐柱与金柱之间搭建二层檐；各檐柱与金柱间采用穿插枋和包头梁连接，梁、柱节点采用不同形式的榫卯节点连接。

城楼东、西两端维护砖墙沿金柱砌筑至天花枋底，墙厚 710 毫米，主墙体采用石灰、粘土砖砌体，南北两面为木隔扇门窗，窗下墙厚 400 毫米。城楼采用的柱础石、阶条石与压面石等均为质地坚硬的青白石。

3.2 地基基础承载状况

现场检查：城楼底层柱础石无沉陷、移位；砖石台基压边石无错动现象，地面砖铺放平整。上部木结构和维护砖墙无因地基基础不均匀沉降引起的倾斜、裂缝。表明在现有使用条件下，地基基础承载状况良好，无静载缺陷。

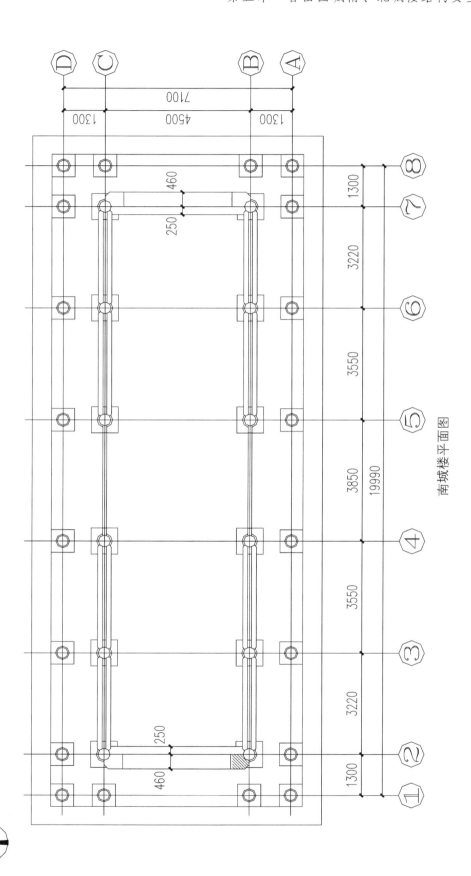

南城楼平面图

157

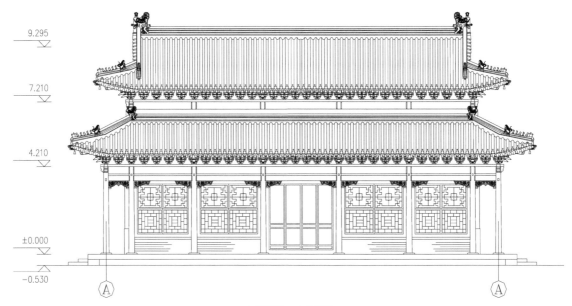

南城楼正立面图

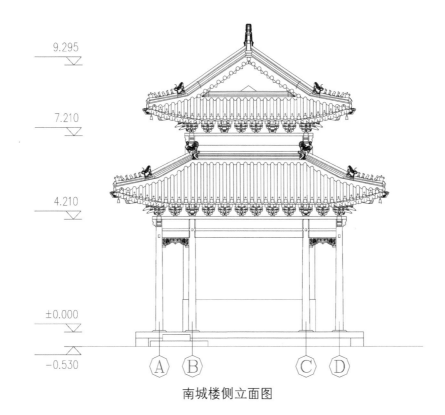

南城楼侧立面图

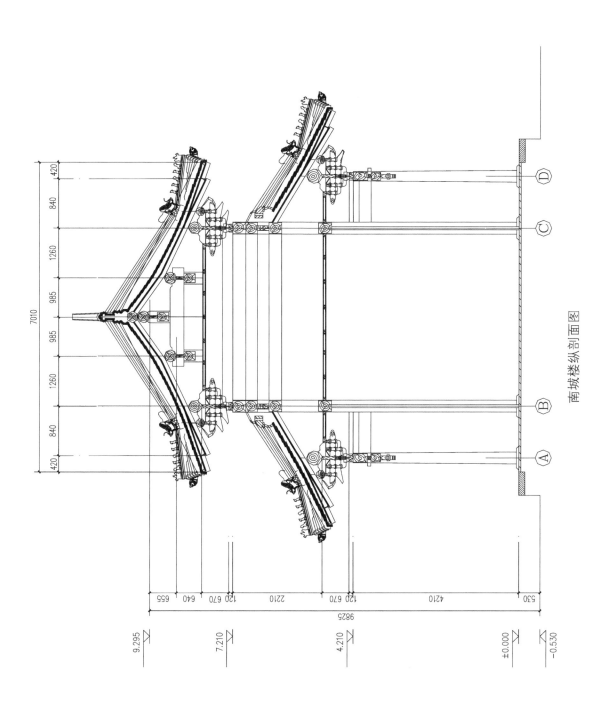

南城楼纵剖面图

159

南城楼内景图

南城楼北侧基础外观

3.3 构件承载状况检查

检查方法为：外观检查，接触探查和仪器测量。目的是查找已不能正常受力、不能正常使用或频临破坏状态的构件，即规范（GB 50165—92）的残损点构件。

（1）承重木柱残损情况的检查

直观和敲击检查了20根檐柱和12根金柱（城楼四角的金柱部分封包在维护砖墙中），钢针探查检查了各柱底露明部位的木质情况。检查情况汇于下表。

承重木柱残损情况的检查表

项次	检查项目	检查内容	现场检查结果	备注
1	材质	（1）腐朽和老化变质 a）表层腐朽和老化变质 b）心腐	B/C轴柱天花梁以上区段木材老化变质较严重	残损迹象
		（2）虫蛀	无迹象	
		（3）木材天然缺陷：在柱的关键受力部位木节；扭斜纹或干缩裂缝	无明显缺陷	
2	柱的弯曲	弯曲	无明显弯曲迹象	
3	柱脚与柱础抵承状况	柱脚底面与柱础实际支承情况 （1）接触面积 （2）偏心受压状况	无改变迹象	
4	柱础错位	柱底相对与柱础的位移	无明显迹象	
5	柱身损伤	沿柱长任一部位的损伤状况	2/B轴金柱上部额枋卯口部位，产生纵向劈裂裂缝； 3/C轴柱柱顶局部承压坏损。	残损迹象
6	加固部位现状	通柱原墩接的完好程度		

残损点评定：

1）B/C轴柱的天花梁上部区段老化变质。材质变质疏松的部位柱截面明显变小，属于陈旧性残损点。

2）2/B轴金柱位于结构西南角，柱上部双向有多个额枋卯口，卯口相距很近。现卯口已产生竖向的劈裂口。影响了柱卯口对额枋榫头的约束力，评定为残损点。

3）3/C轴金柱顶支承抬梁下的随梁，是随梁的支座，原已局压坏损，曾挖补加固，但修补部位又发生鼓膨坏损，一旦全部坏损，引起随梁坠落，且直接影响抬梁屋架的承载状况。按残损程度评定为危险点，且应尽快加固。

6/C 轴天花梁上部区段

3/C 轴柱顶局部承压坏损

2/B 轴角柱上部卯口竖向劈裂

（2）承重木梁枋残损情况的检查

直观和敲击检查了承重木梁、枋的残损情况，重点检查屋顶抬梁、检测结果汇于下表。

承重木梁枋残损情况表

项次	检查项目	检查内容	现场检查结果	备注
1	材质	（1）腐朽和老化变质 a）表层腐朽和老化变质 b）心腐	表层轻度老化	
		（2）虫柱	无迹象	
		（3）木材天然缺陷 在梁的关键受力部位，其木节扭斜纹或干缩裂缝	大部分梁枋构件上存在严重干缩裂缝	残损迹象
2	弯曲变形	（1）竖向挠度最大值	实测各梁跨中下挠值 Δ： 随梁轴线 / 3 / 4 / 5 / 6 Δ（毫米）/ 25.0 / 26.5 / 21.5 / 22.0 残损点界限值（毫米）/ 45.0 一层檐承椽枋下挠较多	残损迹象
		（2）侧向弯曲矢高	无明显侧弯迹象	

163

续表

项次	检查项目	检查内容	现场检查结果	备注
3	梁身损伤	（1）跨中断纹开裂	无明显坏损迹象	
		（2）梁端劈裂（不包括干缩裂缝）	无受力或过度挠曲引起的端裂或斜裂	
		（3）原拼合构件整体性	随梁纵向材料拼接缝严重分离，整体性明显下降	残损迹象
4	支座残损	（1）梁端支承面局部承压	4轴随梁C轴端梁底压陷	残损迹象
		（2）梁端支承长度	3～6轴天花梁与金柱搭接的半榫节点拔榫，支承长度不足。	
			2～3轴线两根顺爬梁的3轴支座脱位	
5	历次加固现状	梁体原加固完好程度	无新残损	

城楼各类承重梁枋构件的承载状况基本正常，没有产生明显的受力变形或截面承载力不足的现象。

残损点评定：

1）干缩裂缝

很多梁枋存在严重的干缩裂缝，裂缝产生在构件的中部沿纵向发展，几乎贯穿构件截面。严重的干缩裂缝明显影响构件的承载性能。考虑干缩裂缝是构件的一种陈旧性坏损，其对构件承载性能的影响程度已经过长期的检验，可根据构件的受力状况区别对待。主要承重的梁枋构件，如：各架抬梁、承椽枋、大额枋、爬梁、穿插枋等，凡带严重干缩裂缝者，均评定为残损点构件。一般承重或辅助联系构件，虽有裂缝，但承载状况正常的构件可不定为残损点。由于带干缩裂缝的构件数量较多，需在维修时，分类处理。

2）梁枋弯曲变形

随梁和五架梁并连，共同承受屋盖的荷载。随梁跨中有明显的下挠迹象。采用全站仪测量了3～6轴四根随梁的跨中下挠值。实测值尚未达到规范GB50165—92的残损点限值，为限值的50%左右。

一层檐承椽枋多数存在明显下挠。前次维修时用短木做了简易支撑。一层承椽枋影响一层檐的结构稳固性，简易支承抗震性差，有待完善。评定一层檐承椽枋简易支撑的构件为残损点构件。

164

梁枋的干缩裂缝

随梁明显下挠

一层檐承椽枋下挠

3）随梁构件的整体性

随梁构件由多根小截面木材并联拼合而成，并接面用榫卯和铁钉拉结，由于木材干缩和荷载作用，这些拼合面多已分离或开裂，随梁原有整体性严重下降。随梁是五架梁的承重组成部分，是主要承重构件，故整体性下降，应评定为残损点构件。

4）支座残损

4轴随梁C轴端梁底横纹受压产生明显的局部压陷变形，应属陈旧性变形。目前，承载状况正常，可不定为残损点。

3～6轴的天花梁与金柱搭接的半榫节点拔榫，支承长度不足。其梁底面与金柱拉结铁件的固定铁钉严重锈蚀松动，个别已脱落。天花梁支承不可靠，影响室内安全使用，应评定为残损点构件。

2～3轴上部屋架支承歇山屋盖的两根顺爬梁3轴端支座脱落，目前，只靠加固铁箍拉接，随时有坠落可能，其残损点程度已具有危险性，应尽快加固处理。

4 轴随梁 C 轴端梁底压陷

天花梁搭接支座拔榫

天花梁搭接支座拉结铁件松旷

2～3轴顺爬梁在三架梁上支座脱位

2～3轴南爬梁支座脱位

2～3轴北爬梁支座脱位

（3）屋盖和屋檐结构中残损点的检查

屋盖和屋檐结构的检查情况汇于下表。屋盖和一层屋檐结构无明显残损迹象，承载状况正常。

屋盖和屋檐结构中的残损情况表

项次	检查项目	检查内容	现场检查情况	备注
1	椽条系统	（1）材质	无成片渗漏雨和腐朽或虫蛀迹象	
		（2）挠度	无明显挠曲迹象，屋面无明显变形	
		（3）椽檩间的连系	连接良好	
		（4）承椽枋受力状态	无明显变形	
		（5）檐椽支承长度	二层檐椽内端位移，搭接长度明显减小	
2	檩条系统	（1）材质	良好	
		（2）跨中挠度	檩条挠度承载状况正常，无明显下挠变形	
		（3）檩条支承长度：支承在木构件上 >60 毫米	满足要求	
		（4）檩条受力状态	一层檐中的部分檩端燕尾榫配合松旷，无拉接	残损迹象
3	瓜柱、角背驼峰	（1）材质	无腐朽或虫蛀	
		（2）构造完好程度	无倾斜脱榫或劈裂	
4	翼角、檐头、由戗	（1）材质	无腐朽或虫蛀	
		（2）角梁后尾的固定部位	承载状况正常	
		（3）角梁后尾由戗端头的损伤程度	承载状况正常，无结构性损伤	
		（4）翼角檐头受力状态	尚无明显下垂	

残损点评定：

按规范（GB 50165—92）4.1.9条部分评定：一层檐中的檐檩端燕尾榫配合松旷无拉接，属于残损点。

一层檐的檩端无拉结（一）

一层檐的檩端无拉结（二）

（4）斗拱残损情况检查

一、二层屋檐下和屋盖结构下均设有斗拱层，整攒斗拱主要承受压力。斗拱及其组件的残损情况检查结果汇于下表。各层斗拱构件无明显残损迹象，承载状况正常。

斗拱及其组件的残损情况表

项次	检查项目	检查内容	现场检查情况	备注
1	整攒斗拱	明显变形或错位	承载状况正常	
2	拱翘	折断	无坏损迹象	
	小斗	脱落	无坏损迹象	
3	大斗	明显压陷、劈裂、偏斜或移位	无坏损迹象	
4	木材	腐朽、虫蛀或老化变质，并已影响斗拱受力	无坏损迹象	
5	柱头或转角处的斗拱	有无明显破坏迹象	无坏损迹象	

二层檐斗拱室内侧状况（一）

二层檐斗拱室内侧状况（二）

3.4 木构架整体性的检查

木构架整体性的检查见下表。

木构架整体性的检查表

项次	检查项目	检查内容	现场检测情况	备注
1	榫卯完好程度	材质：榫卯已腐朽虫蛀	无坏损迹象	
		坏损：已劈裂或断裂	2/B 轴柱卯口劈裂	见 3.3.1 节
		横纹压缩变形	无坏损迹象	
2	横向构架（包括柱梁（枋）间连系）	构件连系及榫卯节点	檐廊挑尖梁与金柱节点的拉结铁件松旷、失效	残损迹象
3	纵向构架（包括柱枋间、柱檩间的连系）	构件连系及榫卯节点	榫、卯干缩变形很大，部分节点拔榫	残损迹象
4	局部倾斜	柱头与柱脚的相对位移		
5	整体倾斜、变形	沿构架平面的倾斜	无明显迹象	
		垂直构架平面的倾斜	无明显倾斜迹象	

残损点评定：

（1）檐廊挑尖梁与金柱采用半榫节点连接，并用铁件拉结。由于木材干缩，铁件

173

锚点松旷，失去拉结作用。该类节点属于残损点。

（2）木构件榫卯节点配合不紧密。检查发现卯口和榫头干缩变形后，配合松旷。这种现象是由于木材干缩变形过大所致，城楼的榫卯节点由此产生不同程度的松旷。松旷使榫卯节点的有效转动约束力下降。按规范（GB50165—92）4.1.7 条，松旷的榫卯节点属于残损点。

檐廊挑尖梁与金柱拉接铁件松旷

6/B 轴柱枋节点拔榫

5/C 轴柱枋节点拔榫

3.5 围护结构

（1）砖墙残损情况的检查及评定

砖墙的残损情况检查结果汇于下表。

砖墙残损情况表

项次	检查项目	检查内容	现场检查情况	备注
1	砖砌体质量	灰浆强度，砌筑质量	现状良好	
2	砖的风化	在风化长达1米以上的区段	无风化迹象	
3	墙体倾斜	总倾斜量	无倾斜迹象	
		层间倾斜量		
4	裂缝	地基沉陷引起的裂缝	无	
		受力引起的裂缝	无	

（2）木质维护结构残损情况的检查及评定

城楼的木质围护结构主要有木门、窗和二层木檐板，构件现状良好。

3.6 结构安全性鉴定

根据规范（GB 50165—92）4.1.2条，结构的可靠性（安全性）鉴定应根据结构中出现的残损点数量、分布、恶化程度及对结构局部或整体造成的破坏和后果进行评估。

下表汇总了南城楼的结构检查确定的结构残损点。

南城楼的结构残损点汇总表

结构部位	检查项目		结构残损点	危害程度
地基基础	基础变形		无	—
	上部结构不均匀沉降反映		无	
上部结构	主要构件	承重木柱	（1）B/C 轴柱天花梁上部区段材质严重老化残损	局部安全隐患
			（2）2/B 轴角柱卯口劈裂、连通	
			（3）3/C 轴柱柱顶随梁支座严重残损，构成危险点	危险点
		承重木梁枋	（4）较多承重梁枋有严重干缩裂缝	局部安全隐患
			（5）一层檐承椽枋下挠，临时支撑件不稳固	
			（6）随梁木料拼合缝开裂，整体性下降	
			（7）3～6 轴天花梁支承长度不足	
			（8）2～3 轴两根顺爬梁 3 轴支座脱位	危险点
		屋盖和屋檐结构	（9）一层檐部分檐檩燕尾榫配合松旷，无拉结檩端燕尾榫配合松旷	影响屋盖整体性
		斗拱	无	
	木构架整体性	构造连接	（10）挑尖梁与金柱半榫节点处的铁件拉结松旷 （11）6/B、5/C 轴柱上部与多根枋的榫卯节点拔榫	影响结构整体性
		结构侧向位移	无明显迹象	
围护结构	砖墙		外观质量良好	
	木门窗、封檐板		外观质量良好	

南城楼各结构部位中：地基基础无结构残损点；上部木结构中存在 11 种类型的结构残损点；

围护结构中无残损点。表中残损点 1～8 影响构件承载性能，其中 3、8 是结构中严重的局部危险点，应尽快加固处理，其余六种影响主体结构受力性能，但不会立即发生破损危险。9～11 项影响结构整体性，不利于结构抗震。

按照规范（GB 50165—92）4.1.4 条，南城楼的结构安全性鉴定为Ⅲ类建筑。其 3/C 轴柱的随梁支座和 2～3 轴两根顺爬梁支座连接又突然破坏的危险，已影响结构安全和正常使用，应尽快采取加固和修理措施。

4. 北城楼主体结构安全检测

4.1 主体结构

南城楼位于团城北门的上方，城楼正面朝南，建筑形制为五檩、二滴水歇山正楼，见下图。

北城楼东、北立面

城楼主体结构采用木结构建造，明间面阔 3.86 米，次间 2.56 米，周围廊 1.34 米，通面阔 11.66 米，进深 4.20 米，廊深 1.34 米，通进深 6.88 米；金柱直径 380 毫米，檐柱直径 320 毫米，金柱高 7.11 米，檐柱高 4.14 米，室内天花板设在五架梁处。

东西两端维护砖墙沿金柱砌筑至金枋底面。主墙体采用石灰浆、城砖砌筑，墙厚 630 毫米，城楼采用的柱础石、阶条石和压面石等均为质地坚硬的青白石。

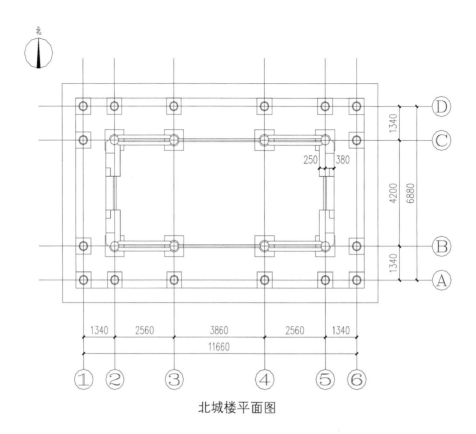

北城楼平面图

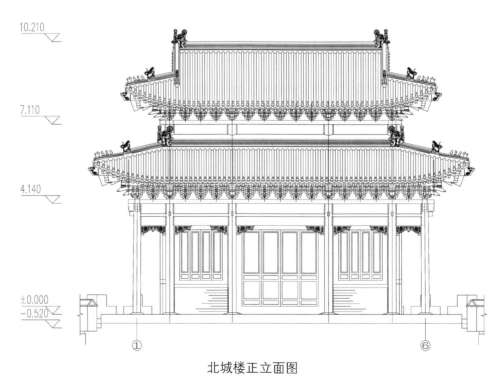

北城楼正立面图

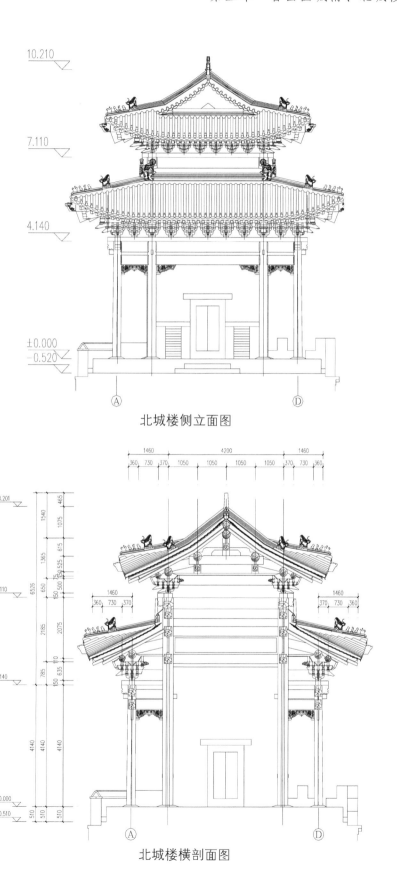

北城楼侧立面图

北城楼横剖面图

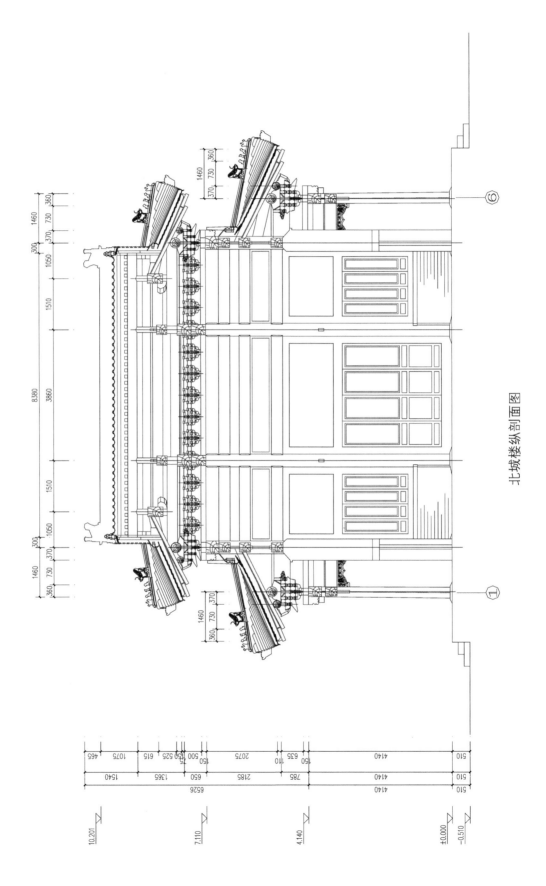

北城楼纵剖面图

4.2 地基基础承载状况

　　柱础石以下的地基基础构造不详。现场检查：城楼底层柱础石无沉陷、移位；砖石台基压边石无错动现象，地面砖铺放平整；上部木结构和维护砖墙无因地基基础不均匀沉降引起的倾斜、裂缝。表明在现有使用条件下，地基基础承载状况良好，无静载缺陷。

北城楼台基南侧

4.3 构件承载状况检查

　　检查方法和项目同南城楼。北城楼的各类构件承载状况良好。有的构件上存在干裂裂缝，但其基本不影响构件承载性能。

北城楼室内梁、柱

181

屋盖中部的额三架梁及檩、椽、枋

屋盖檐部的檩、椽、枋（一）

屋盖檐部的檩、椽、枋（二）

斗拱

4.4 木构架整体性的检查

检查项目同南城楼。北城楼的结构整体性基本良好。

2/B 和 2/C 轴的两角柱上部存在陈旧性残损迹象。柱顶区段有纵、横两向交接在角柱上的榫卯节点。每向均有大额枋、小额枋、承椽枋三个构件。由于该区段接继开凿了多个相邻卯口，柱截面被削弱，卯口对枋榫头的约束作用受影响。由下图可见两柱的节点区外观存在明显的残损变形，卯口间可能存在竖向劈裂。因前次修缮后，该部位没出现新的坏损，属于陈旧性结构残损点。

2/B 轴柱角柱上部的卯口区段残损　　　　　2/C 轴柱角柱上部的卯口区段残损

4.5 维护结构

北城楼砖墙和木门、窗的结构现状良好。歇山屋顶两山花的博缝板残损，影响防水功能，评定为一般残损点。

屋顶山花的博缝板残损

4.6　结构安全性鉴定

根据规范（GB 50165—92）4.1.2 条，结构的可靠性（安全性）鉴定应根据结构中出现的残损点数量、分布、恶化程度及对结构局部或整体造成的破坏和后果进行评估。下表汇总了北城楼的结构检查确定的结构残损点。

北城楼的结构残损点汇总表

结构部位	检查项目		结构残损点	残损点危害程度
地基基础	基础变形		无	—
	上部结构不均匀沉降反映		无	
上部结构	主要构件	承重木柱	无	—
		承重木梁枋	无	
		屋盖和屋檐结构	无	
		斗拱	无	
	木构架整体性	构造连接	2/B 和 2/C 轴两角柱上部连续卯口部位残损变形，为陈旧性残损点	—
		结构侧向位移	无	
围护结构	砖墙		无	—
	木门窗		无	
	歇山屋顶两山花博望版		一般残损点	影响耐久性

185

按照规范（GB 50165—92）4.1.4条，北城楼的结构安全性鉴定等级为Ⅱ类建筑。歇山两山花的搏缝板的复位维修比较容易实现，宜尽快处理。

5. 南城楼西歇山趴梁内端脱榫险情及临时支撑加固方案

香山健锐营演武厅团城南、北城楼曾于1993年大修。目前建筑外观良好，但进行结构安全检查时发现屋盖承重体系中存在局部安全隐患。其中南城楼西歇山的趴梁内端已脱榫，榫节点失效，趴梁内端仅靠简易的加固钢带悬吊维持承重，构成严重的安全隐患。香山地区春季风力很大，如果该处趴梁节点进一步破坏，会造成趴梁内端坠落，引发屋盖西端的严重破坏。为防止发生意外险情，建议在正式进行结构加固前，立即对该部位进行临时性支撑加固。

5.1 西歇山趴梁坏损情况

南城楼西端2~3轴线上方的屋盖歇山处，沿纵向设有两根趴梁。该梁外端支承在2轴山面檐檩上，内端做榫与3轴五架梁上的柁墩结合。趴梁承受着屋盖歇山区段的主要荷载（恒、活、风载），是主要的承重构件。

西山趴梁严重坏损部位在梁内端节点。梁内端现已完全脱榫，且榫头残损，榫节点已失效。幸亏节点处另设有U型的加固钢带，托住了梁端。钢带规格约为40毫米×3毫米，现代材料，可能是前期维修时设置的。钢带上有搭接接头。钢带两端搭挂在3轴梁架上，逐段铁钉锚固，部分铁钉处，木材老化严重。北爬梁的钢带端头仅挂在柁墩角上。显然，钢带只是一种辅助加固措施，榫节点失效后，钢带连接并不可靠。香山地区春季风力很大，我们无把握确认这样的节点能够持久承载、抵御住风震效应。鉴于该部位的重要性，建议立即采取临时支撑加固措施，以确保在正式加固施工开始前的结构安全。

5.2 临时支撑加固方案

根据现场条件，可采用满堂钢脚手架做临时支撑。支撑范围，应结合整体稳定性要求适当扩大范围。钢支撑高度由地面起，至两根趴梁下。考虑3轴随梁的北支座已压溃，故同时进行临时支撑。钢管穿过天花层处，应避开龙骨，与梁下支撑接触部位应垫木方保护，并顶实。梁下支撑钢管横、竖搭接间距为1米，均双站杆。脚手连接扣件应逐个进行质量检查，其余参照规范和工程经验施工。

第六章　永定门城楼结构安全检测

1. 工程概况

1.1 建筑简况

永定门城楼，是明清北京外城城墙的正门，位于北京中轴线上，永定门城楼始建于明嘉靖三十二年（1553年），2004年复建。城台高约8米，城台建筑面积约930平方米；城楼为重檐歇山三滴水楼阁式建筑，共3层，高约18米，城楼建筑面积约860平方米，面积合计约为1790平方米。

目前，该结构木梁架多处出现残损，为了解房屋的安全状况，需要对其进行检测，为后续维修改造提供可靠的技术依据。

1.2 现状立面照片

永定门城楼北立面结构外观

永定门城楼南立面结构外观

永定门城楼东立面结构外观

永定门城楼西立面结构外观

1.3 建筑测绘图纸

部分建筑测绘图纸见下图。

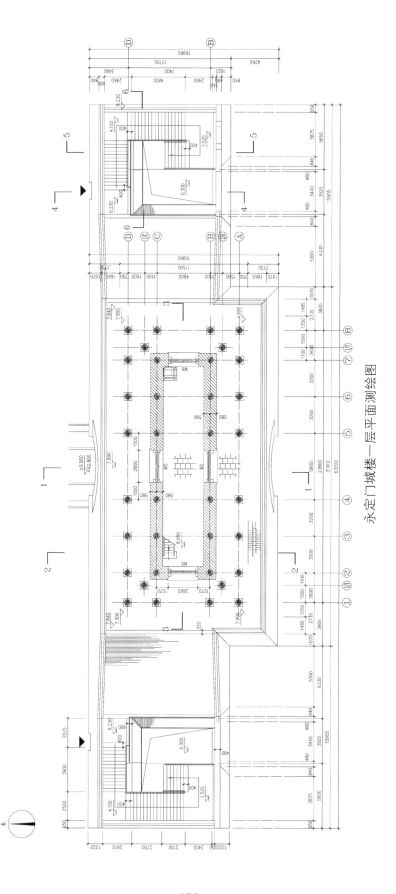

永定门城楼一层平面测绘图

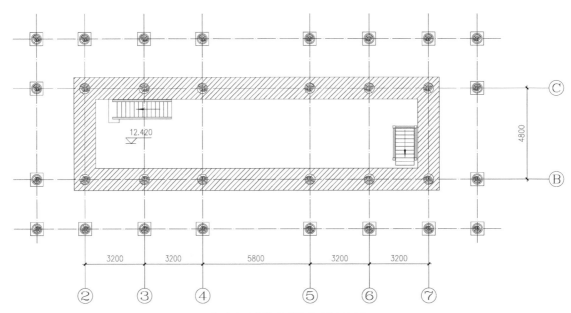

永定门城楼夹层平面测绘图

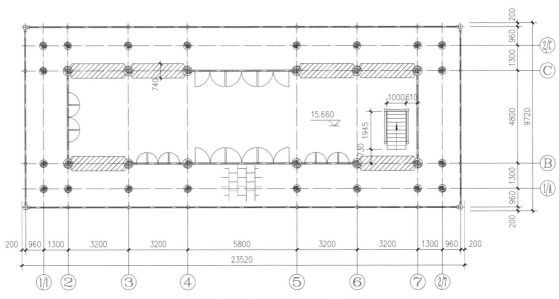

永定门城楼二层平面测绘图

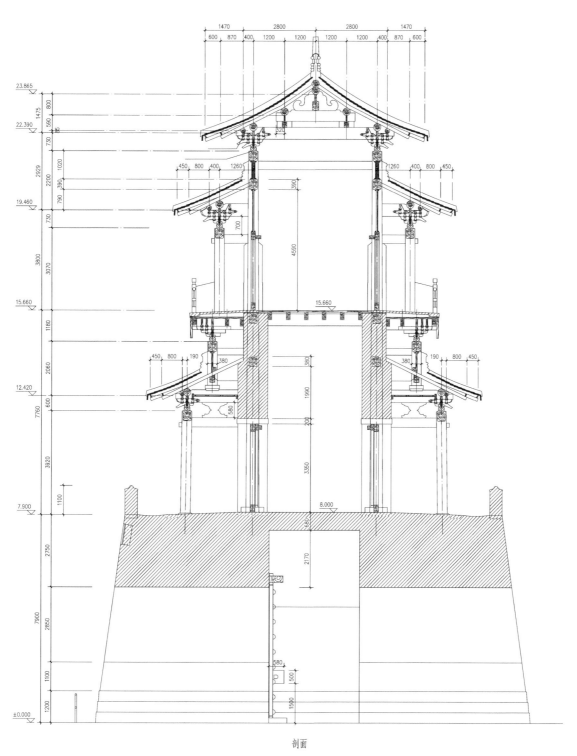

剖面

永定门城楼 1-1 剖面测绘图

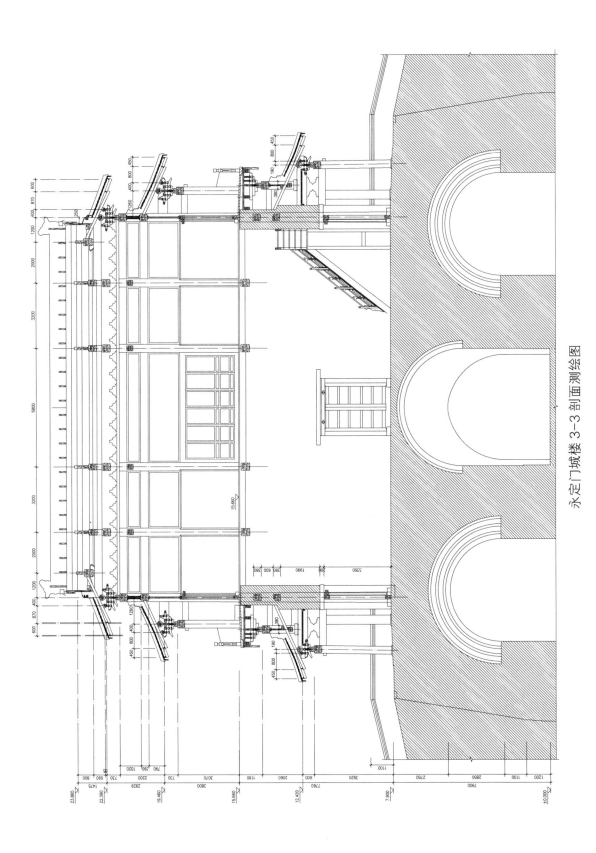

永定门城楼 3-3 剖面测绘图

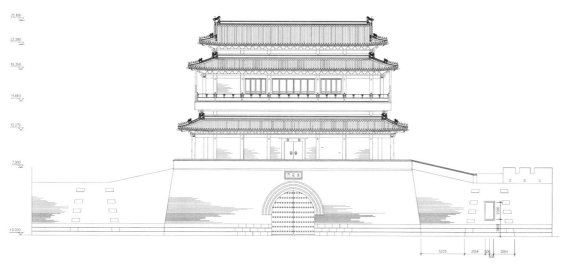

永定门城楼南立面测绘图

2. 检测鉴定项目与依据

2.1 检测鉴定内容

外观检查建筑主体结构和主要承重构件的承载状况；查找结构中是否存在严重的残损部位；根据检查结果，评估在现有使用条件下，结构的安全状况，并提出合理可行的维护建议。

2.2 检测鉴定依据

（1）《古建筑结构安全性鉴定技术规范 第 1 部分：木结构》（DB11/T 1190.1-2015）；

（2）《古建筑木结构维护与加固技术规范》（GB 50165-2020）；

（3）《砌体工程现场检测技术标准》（GB/T 50315-2011）；

（4）《建筑结构检测技术标准》（GB/T 50344-2019）；

（5）《砌体结构设计规范》（GB50003-2011）；

（6）《古建筑防工业振动技术规范》（GB/T 50452-2008）等。

3. 地基基础雷达探查

采用地质雷达对城楼地基基础进行探查。雷达天线频率为 900 兆赫，雷达扫描路线示意图、详细测试结果见下图。

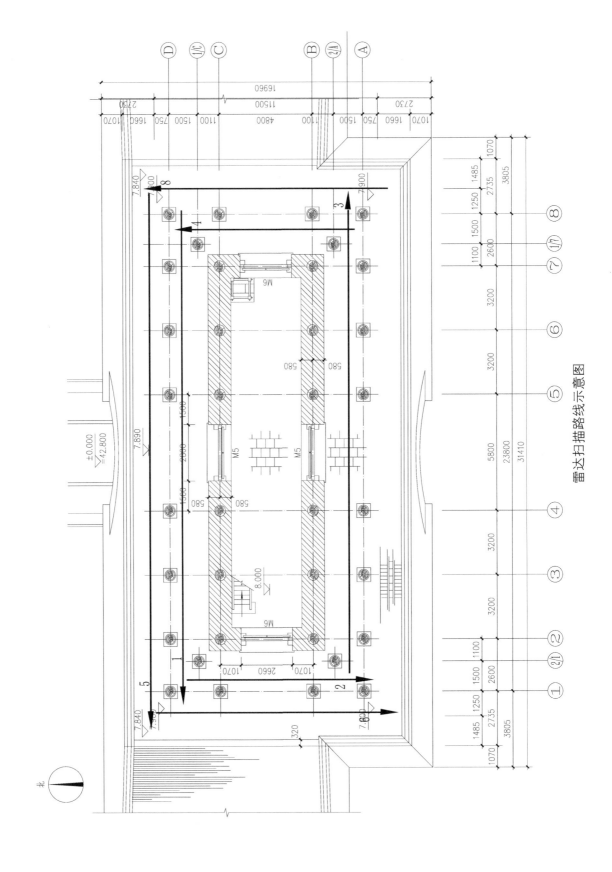

雷达扫描路线示意图

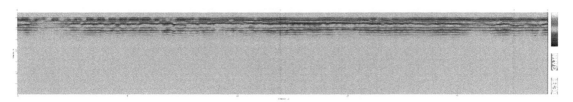

路线 1（北侧外廊内）雷达测试图

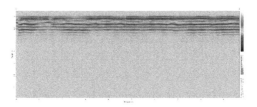

路线 2（西侧外廊内）雷达测试图

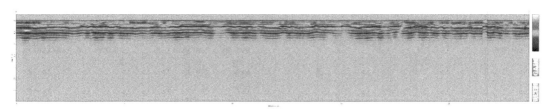

路线 3（南侧外廊内）雷达测试图

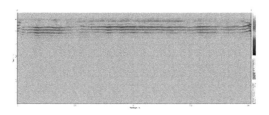

路线 4（东侧外廊内）雷达测试图

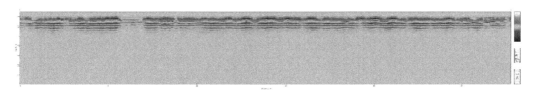

路线 5（北侧外廊外）雷达测试图

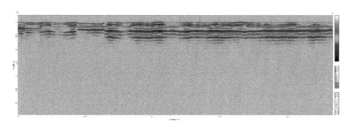

路线 6（西侧外廊外）雷达测试图

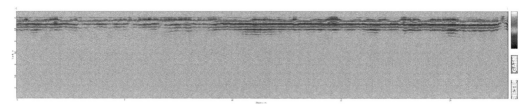

路线 7（南侧外廊外）雷达测试图

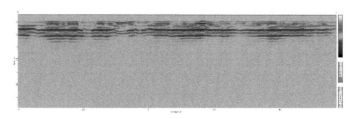

路线 8（东侧外廊外）雷达测试图

由路线 1 及路线 8 雷达测试图可见，城楼室外地面雷达反射波基本平直连续，城楼室外地面下方未发现存在明显空洞等缺陷。

由于地面无法开挖与雷达图像进行比对，解释结果仅作为参考。

4. 振动测试

现场使用 INV9580A 型超低频测振仪、Dasp-V11 数据采集分析软件对结构进行振动测试，测振仪放置在二层五架梁上，主要测试结果如下表所示；同时测得结构水平最大响应为 0.07 毫米 / 秒。

结构振动测试结果

方向	峰值频率（赫兹）
水平向	9

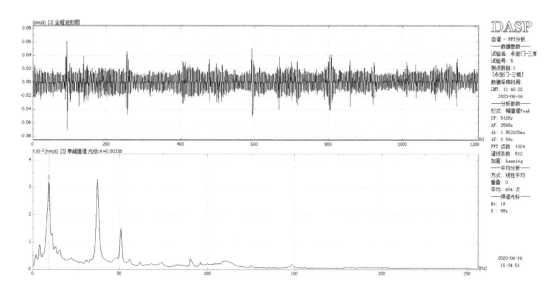

振动频率是由质量和刚度共同决定的，其中，建筑平面体型、墙体布置、结构内部损伤等因素会影响结构的刚度。

依据《古建筑防工业振动技术规范》GB/T 50452-2008，古建筑木结构的水平固有频率为$f = \dfrac{1}{2\pi H}\lambda_j\phi = \dfrac{1}{2 \times 3.14 \times 13.76} \times 1.705 \times 43 = 0.85$，结构水平向的实测频率为9，比计算值偏大，推测是由于本建筑结构围护墙体较厚，结构刚度变大，导致结构频率变高。

根据《古建筑防工业振动技术规范》GB/T 50452-2008，对于市、县级文物保护单位关于木结构顶层柱顶水平容许振动速度最高不能超过0.29毫米/秒～0.35毫米/秒，本结构水平振动速度未超过规范的限值。

5. 结构外观质量检查

5.1 地基基础

（1）经检查，城楼结构未见因地基不均匀沉降而导致的明显裂缝和变形，建筑的地基基础承载状况基本良好。

（2）经检查，城台下方个别条石存在开裂。

（3）经检查，城台外墙多处存在风化剥落现象。

（4）经检查，城台东侧楼梯间区域后加钢结构屋面，屋面板及屋面防水层均存在明显破损，下方墙体存在明显渗漏痕迹。

（5）经检查，城台拱圈基本完好，未见明显裂缝和变形。

城台下方个别条石开裂（西南角处）

城台墙体砖风化剥落（南侧西部）

城台墙体砖风化剥落（南侧东部）

城台墙体砖风化剥落（北侧西部）

城台西侧楼梯间渗漏

城台西侧楼梯间屋面板破损

城台西侧楼梯间屋面防水破损

北侧拱圈现状

201

南侧券洞现状

5.2 上部承重结构

对该房屋上部承重结构具备检查条件的构件进行了检查检测，主要检查结论如下：

（1）1层外檐穿插枋普遍存在水平开裂，个别檐枋存在水平及斜向开裂，1处角梁存在开裂，2处门过梁存在开裂；部分外檐童柱出现竖向劈裂。

（2）夹层多处天花梁存在明显开裂。

（3）2层脊枋在东西两端处均存在拔榫现象；部分三架梁上部角背存在水平开裂；多数三架梁、五架梁及下部随梁存在水平开裂；部分外檐穿插枋存在水平开裂；部分檐枋存在明显水平开裂；部分抱头梁存在开裂及拔榫现象。

（4）1层部分檐柱存在竖向开裂，檐柱普遍存在油饰脱落现象。

上部承重结构主要缺陷详细情况见下表。

上部承重结构主要缺陷统计表

序号	缺陷类型	缺陷描述	缺陷等级
1	木构件开裂	一层 4-A-B 轴（明间前檐西侧）穿插枋水平开裂，w_{max}=6 毫米	b_u
2	木构件开裂	一层 5-A-B 轴（明间前檐南侧）穿插枋水平开裂，w_{max}=4 毫米	b_u
3	木构件开裂	一层 5-A-B 轴（明间前檐南侧）穿插枋水平开裂，w_{max}=2 毫米	b_u
4	木构件开裂	一层 3-A-B 轴（西次间前檐西侧）穿插枋水平开裂，w_{max}=12 毫米	c_u
5	木构件开裂	一层 1-2-B 轴（西廊部前檐）穿插枋水平开裂，w_{max}=4 毫米	b_u
6	木构件开裂	一层 7-8-B 轴（东廊部前檐）穿插枋水平开裂，w_{max}=16 毫米	c_u

序号	缺陷类型	缺陷描述	缺陷等级
7	木构件开裂	一层 7-8-C 轴（东廊部后檐）穿插枋水平开裂，w_{max}=6 毫米	b_u
8	木构件开裂	一层 3-C-D 轴（西次间后檐西侧）穿插枋水平开裂，w_{max}=16 毫米	c_u
9	木构件开裂	一层 4-C-D 轴（明间后檐西侧）穿插枋水平开裂，w_{max}=4 毫米	b_u
10	木构件开裂	一层 3-4-D 轴（西次间后檐）檐枋水平开裂，w_{max}=8 毫米	c_u
11	木构件开裂	一层 1-A-B 轴（西廊部前檐西侧）檐枋水平开裂，w_{max}=5 毫米	b_u
12	木构件开裂	一层 1-B-C（西廊部西侧）轴檐枋斜向开裂，w_{max}=10 毫米	c_u
13	木构件开裂	一层西南侧角梁开裂，w_{max}=3 毫米	c_u
14	木构件开裂	一层西侧门过梁开裂	b_u
15	木构件开裂	一层北侧门过梁开裂	b_u
16	木构件开裂	1 层 5-C-D 轴（明间后檐东侧）抱头梁上部童柱竖向劈裂	c_u
17	木构件开裂	1 层 5-A-B 轴（明间前檐东侧）抱头梁上部童柱竖向劈裂及檐枋开裂	c_u
18	木构件开裂	夹层 3-B-C 轴（西次间西侧）天花梁水平通长开裂，w_{max}=30 毫米	c_u
19	木构件开裂	夹层 4-B-C 轴（明间西侧）天花梁北侧水平开裂，w_{max}=15 毫米	c_u
20	木构件开裂	夹层 5-B-C 轴（明间东侧）天花梁中间及北侧水平开裂，w_{max}=10 毫米	c_u
21	拔榫	2 层 2-3 轴（西稍间）脊枋西侧轻微拔榫	b_u
22	木构件开裂	2 层 1/2 轴三架梁上角背水平开裂	b_u
23	木构件开裂	2 层 3 轴（西次间西侧）五架梁北端水平开裂	b_u
24	木构件开裂	2 层 4 轴（明间西侧）五架梁下方水平开裂，w_{max}=6 毫米	b_u
25	木构件开裂	2 层 4 轴（明间西侧）五架梁下随梁侧面通长水平开裂，w_{max}=5 毫米	b_u
26	木构件开裂	2 层 4 轴（明间西侧）三架梁侧面通长水平开裂，w_{max}=6 毫米，角背水平开裂	b_u
27	木构件开裂	2 层 5 轴（明间东侧）三架梁侧面通长水平开裂，w_{max}=4 毫米，北侧角背水平开裂	b_u
28	木构件开裂	2 层 5 轴（明间东侧）五架梁下方水平开裂，w_{max}=8 毫米	c_u
29	木构件开裂	2 层 5 轴（明间东侧）五架梁下随梁侧面通长水平开裂，w_{max}=5 毫米	b_u
30	木构件开裂	2 层 6 轴（西次间东侧）三、五架梁均侧面通长水平开裂，w_{max}=8 毫米	c_u
31	木构件开裂	2 层 6 轴（西次间东侧）五架梁下随梁南侧水平开裂，w_{max}=6 毫米	b_u
32	拔榫	2 层 6-7 轴（东稍间）脊枋西侧轻微拔榫	b_u
33	木构件开裂	2 层 5-6-B 轴（东次间前檐）穿插枋通长水平开裂，w_{max}=8 毫米，上方走马板竖向开裂	c_u
34	木构件开裂	2 层 4-5-C 轴（明间后檐）穿插枋水平开裂，w_{max}=6 毫米	b_u

序号	缺陷类型	缺陷描述	缺陷等级
35	木构件开裂	2层3-4-C轴（西次间后檐）檐枋通长水平开裂，w_{max}=8毫米	c_u
36	木构件开裂	2层2-B-C轴（西稍间北侧）檐枋水平开裂	b_u
37	木构件开裂	2层1/1-3-1/A轴（西稍间及前檐廊部）檐枋水平开裂，w_{max}=8毫米	c_u
38	木构件开裂	2层7-2/7-1/A轴（东稍间及前檐廊部）檐枋水平开裂，w_{max}=8毫米	c_u
39	木构件开裂	2层5-A-B轴（明间前檐东侧）穿插枋水平开裂，w_{max}=4毫米	b_u
40	木构件开裂	2层7-C-2/C轴（东稍间后檐廊部）穿插枋水平开裂，w_{max}=4毫米	b_u
41	木构件开裂	2层3-A-B轴（西次间前檐西侧）抱头梁水平开裂，w_{max}=3毫米	b_u
42	拔榫	2层5-A-B轴（明间前檐东侧）抱头梁北侧顶部拔榫30毫米	c_u
43	木构件开裂	1层7-A轴（东稍间前檐东侧檐柱）木柱竖向开裂，w_{max}=4毫米，高2.7米；油饰脱落	b_u
44	木构件开裂	1层5-A轴（明间前檐东侧檐柱）木柱竖向开裂，w_{max}=3毫米，高1.1米；油饰脱落	b_u
45	木构件开裂	1层4-A轴（明间前檐西侧檐柱）木柱竖向开裂，w_{max}=3毫米，高1.1米；油饰脱落	b_u
46	木构件开裂	1层1-A轴（前檐西南角廊柱）木柱多处竖向开裂；油饰脱落	b_u

一层 4-A-B 轴穿插枋水平开裂 6 毫米

（2）一层 5-A-B 轴穿插枋水平开裂 4 毫米

一层 5-A-B 轴穿插枋水平开裂 2 毫米

一层 3-A-B 轴穿插枋水平开裂 12 毫米

一层 1-2-B 轴穿插枋水平开裂 4 毫米

一层 7-8-B 轴穿插枋水平开裂 16 毫米

一层 7-8-C 轴穿插枋水平开裂 6 毫米

一层 3-C-D 轴穿插枋水平开裂 16 毫米

一层 4-C-D 轴穿插枋水平开裂 4 毫米

一层 3-4-D 轴檐枋水平开裂 8 毫米

一层 1-A-B 轴檐枋水平开裂 5 毫米

一层 1-B-C 轴檐枋斜向开裂 10 毫米

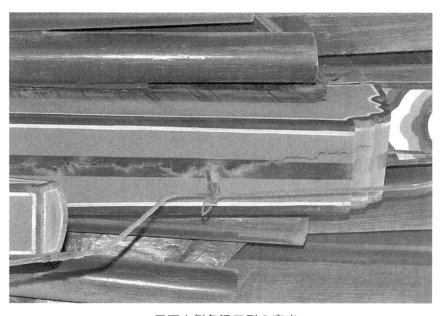

一层西南侧角梁开裂 3 毫米

一层西侧门过梁开裂

一层北侧门过梁开裂

1 层 5-C-D 轴抱头梁上部童柱竖向劈裂

1 层 5-A-B 轴抱头梁上部童柱竖向劈裂及檐枋开裂

夹层 3-B-C 轴天花梁水平通长开裂 30 毫米

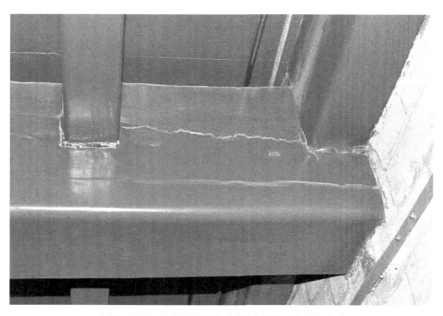

夹层 4-B-C 轴天花梁北侧水平开裂 15 毫米

夹层 5-B-C 轴天花梁中间及北侧水平开裂 10 毫米

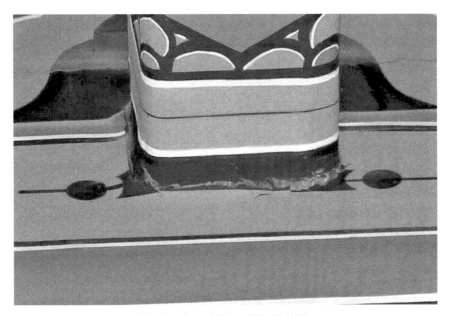

2 层 2-3 轴脊枋西侧轻微拔榫

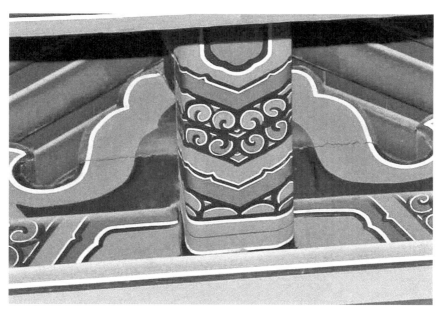

2 层 1/2 轴三架梁上角背水平开裂

2 层 3 轴五架梁北端水平开裂

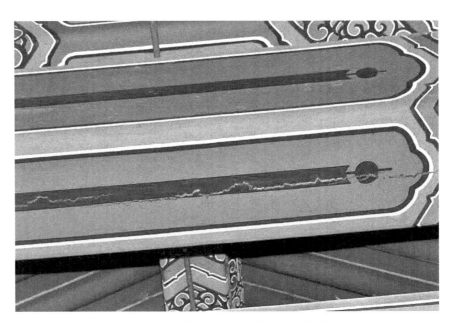

2层4轴五架梁下方水平开裂6毫米

2层4轴五架梁下随梁侧面通长水平开裂5毫米

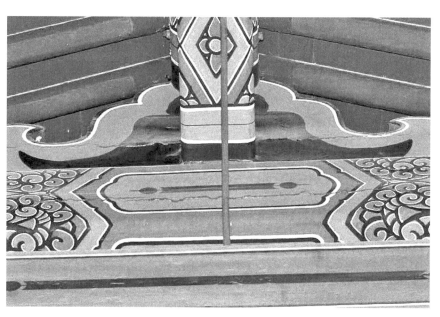

2层4轴三架梁侧面通长水平开裂6毫米，角背水平开裂

2层5轴三架梁侧面通长水平开裂4毫米，北侧角背水平开裂

217

2层5轴五架梁下方水平开裂8毫米

2层5轴五架梁下随梁侧面通长水平开裂5毫米

2 层 6 轴三、五架梁均侧面通长水平开裂 8 毫米

2 层 6 轴五架梁下随梁南侧水平开裂 6 毫米

2层6-7轴脊枋西侧轻微拔榫

2层5-6-B轴穿插枋通长水平开裂8毫米，上方走马板竖向开裂

2层4-5-C轴穿插枋水平开裂6毫米

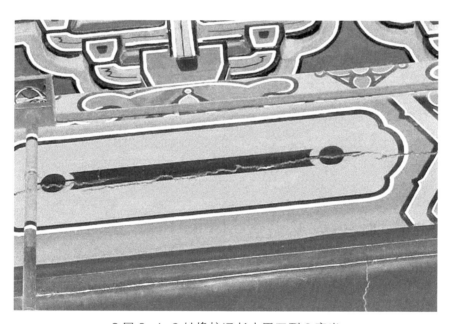

2层3-4-C轴檐枋通长水平开裂8毫米

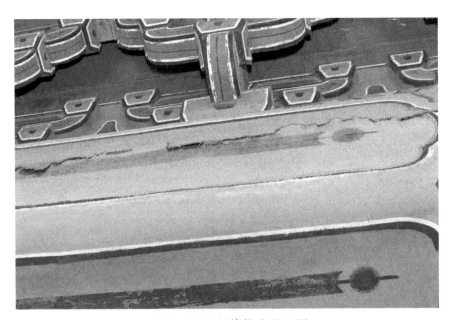

2层 2-B-C 轴檐枋水平开裂

2层 1/1-3-1/A 轴檐枋水平开裂 8 毫米

2 层 7-2/7-1/A 轴檐枋水平开裂 8 毫米

2 层 5-A-B 轴穿插枋水平开裂 4 毫米

2 层 7-C-2/C 穿插枋水平开裂 4 毫米

2 层 3-A-B 轴抱头梁水平开裂 3 毫米

2层5-A-B轴抱头梁北侧顶部拔榫30毫米

7-A轴木柱竖向开裂4毫米，高2.7米；油饰脱落

5-A 轴木柱竖向开裂 3 毫米，高 1.1 米；油饰脱落

4-A 轴木柱竖向开裂 3 毫米，高 1.1 米；油饰脱落

1-A 轴木柱多处竖向开裂；油饰脱落

5.3 城楼围护系统

（1）经检查，围护砖墙未见明显开裂等损伤。

（2）经检查，2层外檐处地砖之间存在明显空隙。

（3）经检查，2层木柱与墙体之间存在裂缝。

（4）经检查，屋顶瓦面未发现存在明显缺陷，但屋面檐口部位残存较多风筝等杂物。

城楼一层外墙现状（南侧东部）

城楼夹层内墙现状（西侧）

2层西侧地砖空隙

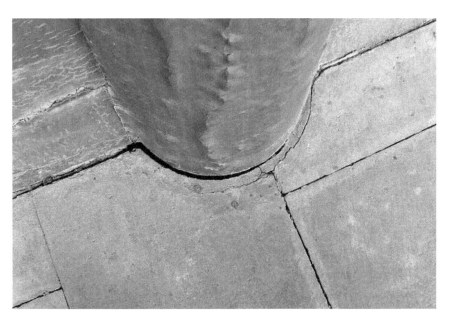

2 层南侧 4-B 轴处地砖空隙

东南角地砖空隙

2层南侧3-B轴处地砖空隙

3-B轴木柱与墙体裂缝

4-C轴木柱与墙体裂缝

南侧屋面现状

北侧屋面现状

5.4 木材树种鉴定

（1）树种分析结果

树种鉴定按照《木材鉴别方法通则》（GB/T 29894-2013），采用宏观和微观识别相结合的方法。首先使用放大镜观察木材宏观特征，初步判定或区分树种；继而，在光学显微镜下观察木材的微观解剖特征，进一步判定和区分树种；最后，与正确定名的木材标本和光学显微切片进行比对，确定木材名称。经鉴定，送样木材为落叶松（*Larix* sp.）和红铁木（*Lophira* sp.），详细结果列表如下：

木材分析结果

编号	构件位置及名称	树种名称	拉丁名
1	永定门一层 D-8（东尽间后檐东侧檐柱）柱根	落叶松	*Larix* sp.
2	永定门二层 B-3 柱（西次间前檐北侧金柱）	红铁木	*Lophira* sp.
3	永定门二层顶西侧楞木 3-B-C（西次间西侧）下梁	落叶松	*Larix* sp.
4	永定门三层顶 5-B-C（明间南侧）枋	落叶松	*Larix* sp.

（2）树种介绍、参考产地、显微照片及物理力学性质

红铁木（拉丁名：*Lophira* sp.）：

木材解剖特征：

木材散孔材。心材红褐色至暗褐色；边材粉白色。生长轮不明显。导管横切面卵

圆形、圆形；多数径列复管孔（2～4个，多为2个），少数单管孔；散生。导管分子平均长820微米；侵填体未见，少数含树胶；螺纹加厚缺乏。管间纹孔式互列，密集，多角形，纹孔口内含或合生，系附物纹孔。穿孔板单一，略斜。导管与射线间纹孔式类似管间纹孔式。轴向薄壁组织量较多，带状（宽3～4细胞），少数含树胶，具分室含晶细胞，菱形晶体3～4个。木纤维壁甚厚；直径23微米；平均长1929微米；纹孔极少。分隔木纤维未见。木射线7～10根/毫米；非叠生。单列射线较少，高2～22细胞；多数为2列射线，高7～26（多数11～19）细胞。射线组织为同形单列及多列。多列部分射线细胞卵圆形、多角形。大部分细胞含树胶；晶体未见。胞间道未见。

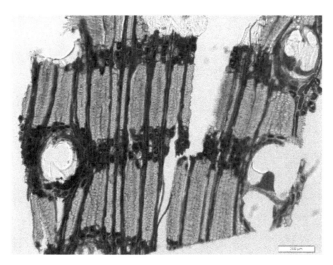

横切面

径切面

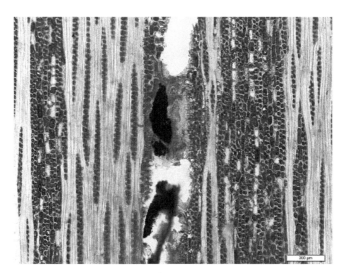

弦切面

树木及分布：

大乔木；树高可达45米～45米，树干通直，直径1.5米；树皮红褐色，薄且紧贴树干上。主要生长雨林和沼泽地区，分布在西非如塞拉利昂、尼日利亚和喀麦隆。

木材加工、工艺性质：

木材略具光泽；无特殊气味和滋味；纹理直或略斜；结构中，均匀。木材甚重；干缩甚大；强度高。木材干燥很困难，容易开裂。木材耐久性好，能抗菌类、蛀虫、白蚁等危害。木材加工困难；胶合和抛光性能良好。

木材利用：

木材耐腐性极好，特别适合海上用材，如在法国、荷兰、比利时用作码头桩木、桥墩等，其使用寿命长达20年以上。作枕木可不用防腐处理。可用于工厂和仓库的承重地板、船只甲板；还可用于车辆材、雕刻材、细木工等。

物理力学性质（参考地－喀麦隆）：

中文名称	密度（克/立方厘米）		干缩系数（%）			抗弯强度（兆帕）	抗弯弹性模量（吉帕）	顺纹抗压强度（兆帕）	冲击韧性（KJ/平方米）	硬度（兆帕）		
	基本	气干	径向	弦向	体积					端面	径面	弦面
翼红铁木	–	1.09	–	–	–	229.9	15.686	109.0	–	–	–	–

落叶松（拉丁名：*Larix* sp.）：

木材解剖特征：

生长轮明显，早材至晚材急变。早材管胞横切面为长方形，径壁具缘纹孔 1～2（2 列甚多）列；晚材管胞横切面为方形及长方形，径壁具缘纹孔 1 列。轴向薄壁组织偶见。木射线具单列和纺锤形两类：①单列射线高 1～34 细胞，多数 7～20 细胞。②纺锤射线具径向树脂道。射线管胞存在于上述两类射线的上下边缘及中部，内壁锯齿未见，外缘波浪形。射线薄壁细胞水平壁厚。射线细胞与早材管胞间交叉场纹孔式为云杉型，少数杉木型，通常 4～6 个。树脂道轴向者大于径向，泌脂细胞壁厚。

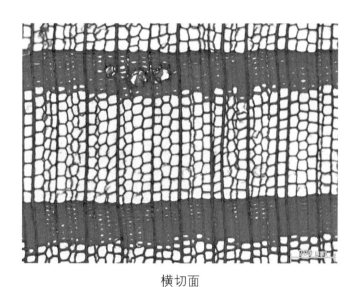

横切面

径切面

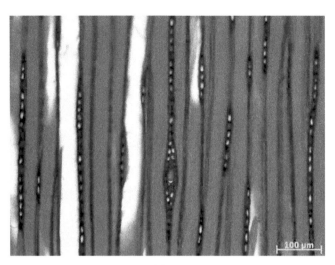

弦切面

树木及分布：

以落叶松为例：大乔木，高可达 35 米，胸径 90 厘米。分布在东北、内蒙古、山西、河北、新疆等。

木材加工、工艺性质：

干燥较慢，且易开裂和劈裂；早晚材性质差别大，干燥时常有沿年轮交界处轮裂现象；耐腐性强（但立木腐朽极严重），是针叶树材中耐腐性最强的树种之一，抗蚁性弱，能抗海生钻木动物危害，防腐浸注处理最难；多油眼；早晚材硬度相差很大，横向切削困难，但纵面颇光滑；油漆后光亮性好；胶粘性质中等；握钉力强，易劈裂。

木材利用：

因强度和耐腐性在针叶树材中均属较大，原木或原条比红杉类更适宜做坑木、枕木、电杆、木桩、篱柱、桥梁及柱子等。板材做房架、径锯地板、木槽、木梯、船舶、跳板、车梁、包装箱。亦可用于硫酸盐法制纸，幼龄材适于造纸。树皮可以浸提单宁。

参考用物理力学性质（参考地 – 东北小兴安岭）：

中文名称	密度（克/立方厘米）		干缩系数（%）			抗弯强度（兆帕）	抗弯弹性模量（吉帕）	顺纹抗压强度（兆帕）	冲击韧性（KJ/平方米）	硬度（兆帕）		
	基本	气干	径向	弦向	体积					端面	径面	弦面
落叶松	–	0.641	0.169	0.398	0.588	111.078	14.216	56.471	48.020	36.961	–	–

5.5 木材材质状况勘察

（1）木材含水率检测结果

1）永定门首层

经勘查，各木构件含水率在 2.5%～6.5% 之间，不存在含水率测定数值非常异常的木构件，其中 D-3（西次间后檐北侧檐柱）、2/A-2/1（西尽间前檐柱）号柱通过锤子敲击立柱发现轻微空响，应对该立柱进行微钻阻力仪测试。首层含水率具体检测数据见下表。

永定门首层木构件含水率检测数据表

序号	木构编号	木构件含水率（0.1米）	木构件含水率（1米）
1	A-1	4.4%	4.0%
2	A-2	4.2%	3.2%
3	A-3	5.2%	3.5%
4	A-4	4.4%	3.6%
5	A-5	5.2%	4.2%
6	A-6	4.5%	3.4%
7	A-7	5.3%	5.7%
8	A-8	4.8%	6.5%
9	2/A-2/1	3.6%	3.4%
10	2/A-1/7	4.9%	4.2%
11	B-1	2.9%	2.5%
12	B-8	4.6%	3.1%
13	C-1	4.8%	3.8%
14	C-8	4.6%	4.3%
15	1/C-2/1	5.1%	5.5%
16	1/C-1/7	4.2%	4.8%
17	D-1	5.3%	3.3%
18	D-2	5.2%	4.0%
19	D-3	6.5%	3.5%
20	D-4	6.0%	4.9%
21	D-5	5.2%	4.9%
22	D-6	4.1%	4.1%
23	D-7	3.8%	3.9%
24	D-8	4.5%	3.7%

2）永定门二层

经勘查，各木构件含水率在 3.1%～7.3% 之间，不存在含水率测定数值非常异常的木构件，其中 C-3（西次间后檐北侧金柱）、C-5（明间后檐南侧金柱）号柱含水率偏高，且通过锤子敲击立柱发现轻微空响，应对该立柱进行微钻阻力仪测试。

永定门二层木构件含水率检测数据表

序号	木构编号	木构件含水率（0.1 米）	木构件含水率（1 米）
1	1/A-1/1	4.6%	4.2%
2	1/A-2	4.6%	4.6%
3	1/A-3	3.6%	3.6%
4	1/A-4	4.7%	3.4%
5	1/A-5	5.2%	3.9%
6	1/A-6	4.8%	6.0%
7	1/A-7	5.2%	3.6%
8	1/A-2/7	4.0%	4.6%
9	B-1/1	5.3%	3.4%
10	B-2	5.0%	3.1%
11	B-3	4.6%	5.5%
12	B-4	6.2%	6.2%
13	B-5	4.7%	5.4%
14	B-6	7.0%	5.9%
15	B-7	6.7%	5.2%
16	B-2/7	4.9%	5.4%
17	C-1/1	4.2%	4.2%
18	C-2	4.0%	4.8%
19	C-3	6.7%	7.2%
20	C-4	5.3%	5.2%
21	C-5	6.4%	7.3%
22	C-6	4.7%	4.5%
23	C-7	4.4%	5.9%
24	C-2/7	5.8%	4.7%

序号	木构编号	木构件含水率（0.1米）	木构件含水率（1米）
25	2/C-1/1	5.1%	6.1%
26	2/C-2	4.8%	4.4%
27	2/C-3	3.3%	3.3%
28	2/C-4	5.0%	5.6%
29	2/C-5	4.7%	5.1%
30	2/C-6	5.2%	4.9%
31	2/C-7	5.6%	4.5%
32	2/C-2/7	5.9%	5.1%

（2）阻力仪检测结果

通过现场勘查，根据现场木构件的保存情况，选取其中较为典型的立柱进行微钻阻力仪器检测。

经检测：1）永定门首层D-3（西次间后檐北侧檐柱）、2/A-2/1（西尽间前檐柱）立柱内部材质强度均较高，其中D-3（西次间后檐北侧檐柱）柱内部存在轻微残损，柱心尚保持较强强度；2/A-2/1（西尽间前檐柱）立柱未发现明显内部缺陷。2）永定门二层C-3（西次间后檐北侧金柱）、C-5（明间后檐南侧金柱）立柱内部材质强度均较高，未发现明显内部缺陷。

永定门首层立柱材质状况检测简表

编号	名称	位置	微钻阻力图号	材质状况
1	柱	D-3（西次间后檐北侧檐柱）	88	立柱内部存在轻微残损。
2	柱	2/A-2/1（西尽间前檐柱）	94	未发现严重残损。

永定门首层立柱的微钻阻力仪检测结果见下图（图中横坐标加粗红线部分为存在缺陷部位），分别对D-3（西次间后檐北侧檐柱）、2/A-2/1（西尽间前檐柱）立柱的材质进行了缺陷情况检测。检测结果表明2/A-2/1（西尽间前檐柱）立柱内部材质强度较高，未发现明显内部缺陷。D-3（西次间后檐北侧檐柱）立柱内部有长度约2毫米的轻微残损，但残损长度占柱径的比例较小，柱心周围尚保持一定强度，不会对柱子的承重起到显著影响。

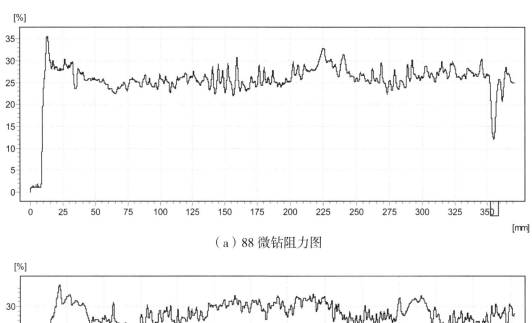

（a）88 微钻阻力图

（b）94 微钻阻力图

永定门首层立柱材质状况检测图

永定门二层立柱材质状况检测简表

编号	名称	位置	微钻阻力图号	材质状况
NO.1	柱	C-3（西次间后檐北侧金柱）	95	未发现严重残损。
NO.2	柱	C-5（明间后檐南侧金柱）	100	未发现严重残损。

　　永定门二层立柱的微钻阻力仪检测结果见下图，对 C-3、C-5 立柱的材质进行了缺陷情况检测。检测结果表明立柱内部材质强度均较高，未发现明显内部缺陷。

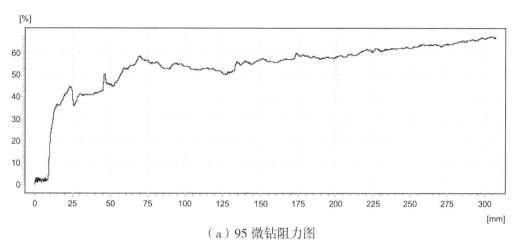

（a）95 微钻阻力图

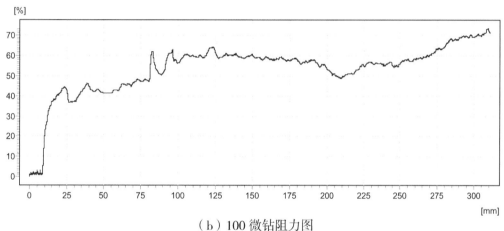

（b）100 微钻阻力图

永定门首层立柱材质状况检测图

5.6 木柱、砖墙局部倾斜测量

现场采用吊锤测量部分木柱及砖墙的倾斜程度，测量高度为 2000 毫米。

（1）木柱倾斜依据北京市地方标准《古建筑结构安全性鉴定技术规范 第 1 部分：木结构》DB11/T 1190.1−2015 第 8.3.4 条进行判定，规范中规定最大相对位移 $\triangle \leqslant$ H/90（测量高度 H 为 2000 毫米时，H/90 为 22 毫米）。

根据测量结果，各层大部分木柱倾斜值不符合规范限值要求，其中首层 4−D 轴木柱倾斜量最大，2.0 米范围内向内侧倾斜 45 毫米。2 层 4−2/C（明间后檐北侧檐柱）轴木柱倾斜量最大，2.0 米范围内向内侧倾斜 50 毫米。

古建常规做法中，金柱和檐柱一般设置侧脚，会向中间偏移。目前一层倾斜超限的木柱偏移趋势基本正常，均向中间偏移；二层 B 轴木柱普遍向外侧倾斜，木柱倾斜方向异常，不符合常规做法，其中 5−B（明间前檐南侧金柱）轴外倾 22 毫米。

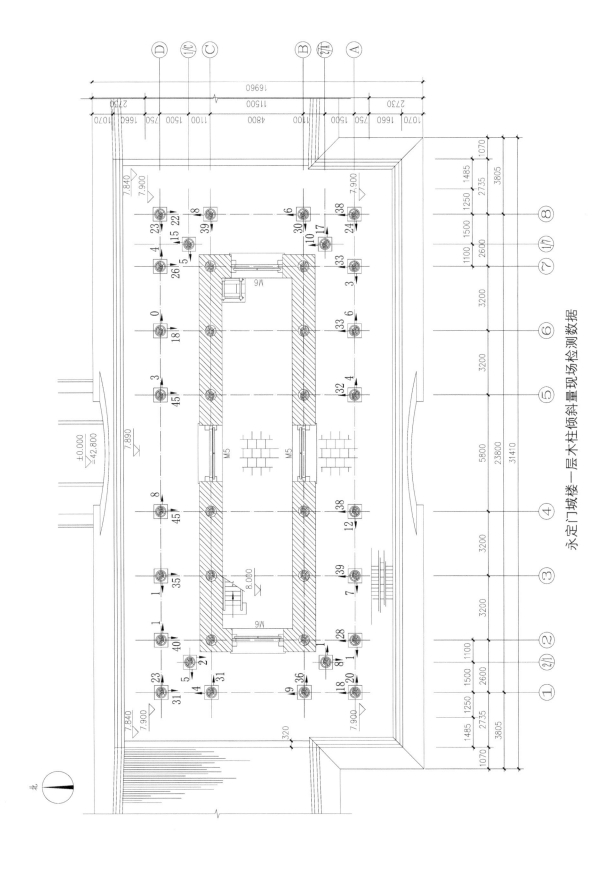

永定门城楼一层木柱倾斜测量现场检测数据

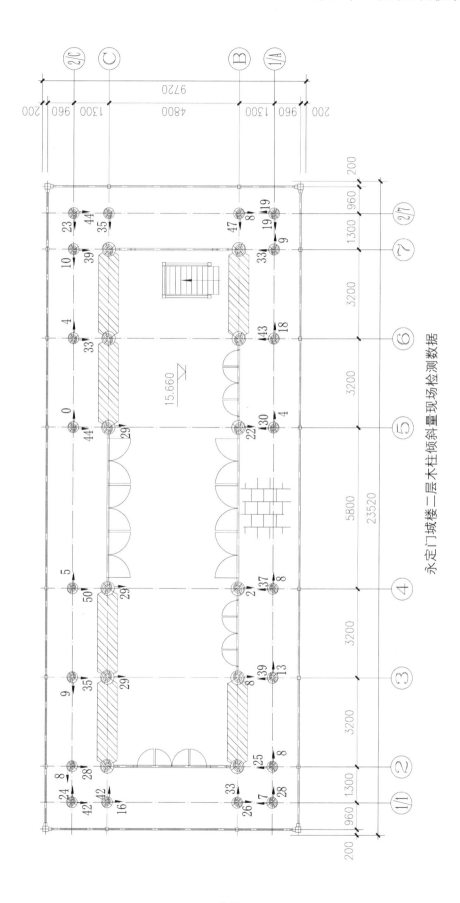

永定门城楼二层木柱倾斜量现场检测数据

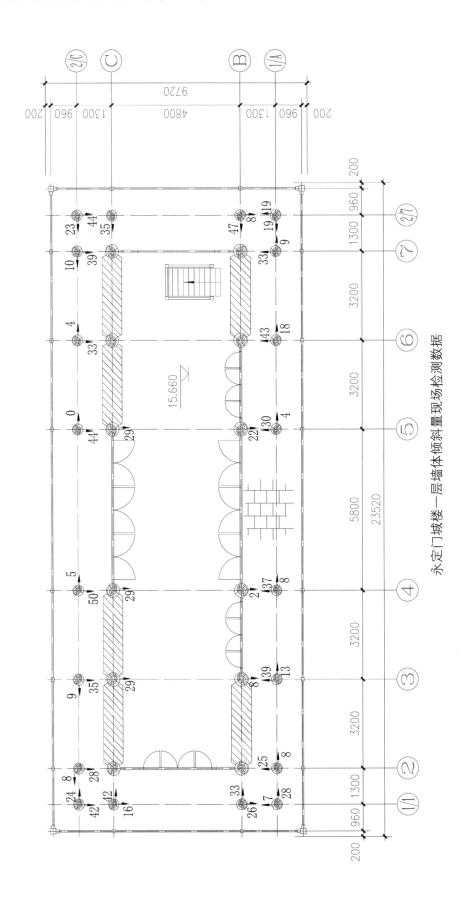

永定门城楼一层墙体倾斜量现场检测数据

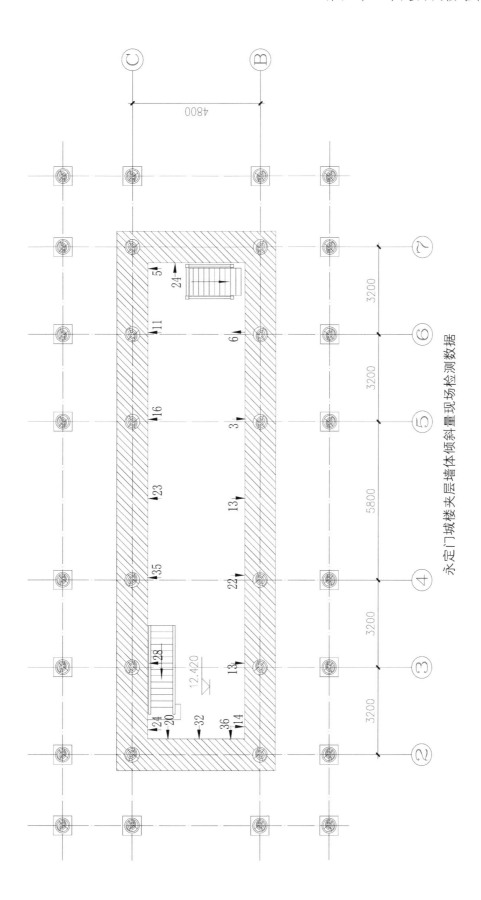

永定门城楼夹层墙体倾斜量现场检测数据

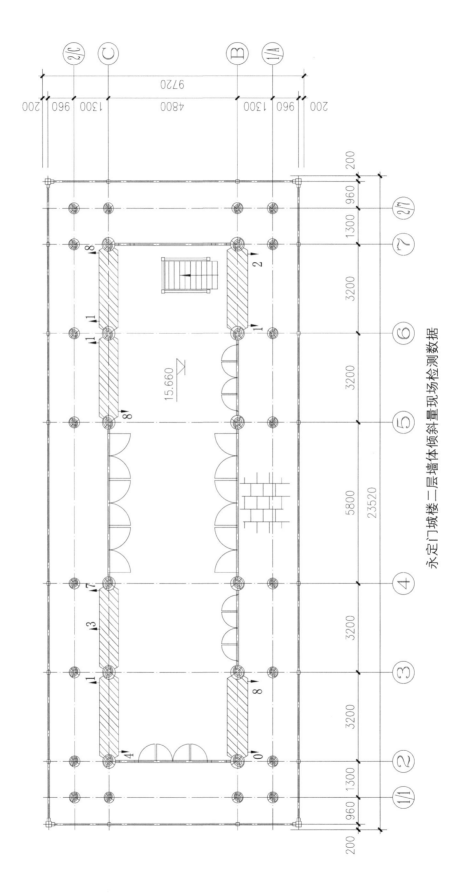

永定门城楼二层墙体倾斜量现场检测数据

2）砖墙倾斜依据北京市地方标准《古建筑结构安全性鉴定技术规范 第1部分：木结构》DB11/T 1190.1–2015 第 7.3.1 条进行判定，规范中规定多层房屋层间倾斜量 $\triangle \leqslant H/90$（测量高度 H 为 2000 毫米时，H/90 为 22 毫米）或 $\triangle \leqslant 40$ 毫米。

根据测量结果，各测点的倾斜量均符合规范限值要求，但夹层处墙体普遍向外侧倾斜，后期建议定期观测。

5.7 台基相对高差测量

现场对城楼一层四周檐柱柱础石上表面的相对高差进行了测量，高差分布情况测量结果见下图所示。

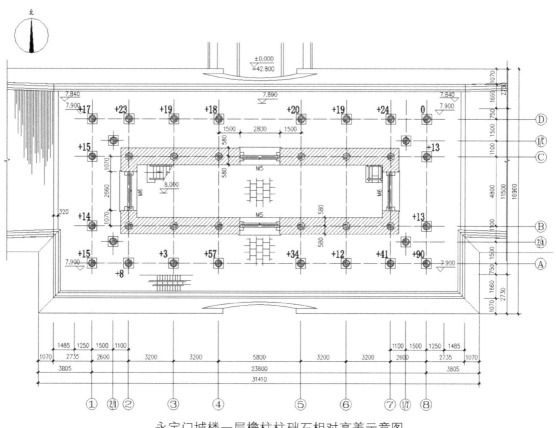

永定门城楼一层檐柱柱础石相对高差示意图

测量结果表明，城楼一层檐柱柱础石顶部存在一定的相对高差，其中东北角相对位置最低，东南角最高，相对高差达 90 毫米，由于结构初期可能存在施工偏差，此部分高差不完全是地基的沉降差，鉴于目前未发现结构存在因地基不均匀沉降而导致的明显损坏现象，可暂不进行处理。

6. 结构安全性鉴定

6.1 评定方法和原则

根据 DB11/T 1190.1-2015，古建筑安全性鉴定分为构件、子单元、鉴定单元 3 个项目。首先根据构件各项目检查结果，判定单个构件安全性等级，然后根据子单元各项目检查结果及各种构件的安全性等级，判定子单元安全性等级，最后根据各子单元的安全性等级，判定鉴定单元安全性等级。

本次鉴定将委托鉴定的区域列为一个鉴定单元，每个鉴定单元分为地基基础、上部承重结构及围护系统三个子单元，分别对其安全性进行评定。

6.2 子单元安全性鉴定评级

（1）地基基础

经检查，未发现地基基础存在影响上部结构安全的不均匀沉降裂缝和明显变形，因此，本鉴定单元地基基础的安全性评为 A_u 级。

（2）上部承重结构

1）构件的安全性鉴定

木构件的安全性等级判定，应按承载能力、构造、不适于继续承载的位移（或变形）、裂缝、腐朽、虫蛀、天然缺陷、历次加固现状等检查项目，分别判定每一受检构件的等级，并取其中最低一级作为该构件的安全性等级。

①木柱安全性评定

4 根木柱存在明显竖向开裂，评为 c_u 级；其余柱构件均未发现存在明显变形、裂缝及腐朽等缺陷，均评为 a_u 级。

经统计评定，柱构件的安全性等级为 C_u 级。

②木梁架中构件安全性评定

一层 3 根穿插枋明显开裂，2 根檐枋明显开裂，1 根角梁明显开裂，两根童柱竖向劈裂，以上木构件评为 c_u 级；夹层 3 根天花梁明显开裂，评为 c_u 级；二层 3 根抬梁存在明显开裂，1 根穿插枋明显开裂，3 根檐枋明显开裂，1 根抱头梁明显拔榫，以上木构件评为 c_u 级；另各层共 24 个木构件存在轻微缺陷，评为 b_u 级；其他木构件未发现存在明显变形、裂缝及腐朽等缺陷，均评为 a_u 级。

经统计评定，梁构件的安全性等级为 Cu 级。

2）结构整体性安全性评定

①整体倾斜

经测量，结构未发现存在明显整体倾斜，评为 Au 级。

②局部倾斜

经测量，各层大部分木柱倾斜值不符合规范限值要求，但基本均符合古建常规做法，局部倾斜综合评为 Bu 级；

③构件间的联系

纵向连枋及其连系构件未出现明显松动，构架间的联系综合评为 Au 级。

④梁柱间的联系

梁柱间联系的拉结情况及榫卯现状基本完好，个别节点存在拔榫现象，梁柱间的联系综合评定为 Bu 级。

⑤榫卯完好程度

榫卯材质基本完好，榫卯完好程度综合评定为 Au 级。

综合评定该单元上部承重结构整体性的安全性等级为 Bu 级。

综上，上部承重结构的安全性等级评定为 Cu 级。

（3）围护系统安全性评定

围护系统主要包括自承重墙体、屋面等构件。

墙体未发现明显开裂等损坏现象，局部墙体与木柱之间存在裂缝，但变形未超限，该项目评定为 Bu 级；

屋顶瓦面未发现存在明显缺陷，该项目评定为 Au 级。

综合评定该单元围护系统的安全性等级为 Bu 级。

6.3 鉴定单元的鉴定评级

综合上述，根据 DB11/T 1190.1–2015《古建筑结构安全性鉴定技术规范 第 1 部分：木结构》，鉴定单元的安全性等级评为 Csu 级，安全性不符合本标准对 Asu 级的要求，显著影响整体承载。应采取措施，且可能有少数构件必须立即采取措施。

7. 处理建议

（1）建议对存在风化的城台墙体表面进行修复处理，并采取相应的化学保护措施。

（2）城台东侧楼梯间区域后加钢结构屋面渗漏明显，建议进行修复或拆除。

（3）建议对开裂程度相对较大的木构件进行修复加固处理。

（4）建议对木梁架中存在拔榫的节点采取加固修复处理措施。

（5）建议对木柱油饰进行修复处理。

（6）建议对二层存在空隙的地砖及与木柱存在开裂的墙体进行修复处理。

（7）建议清理屋顶的风筝等杂物。

（8）夹层墙体普遍存在外倾，建议对此墙体的变形进行定期观测，如发现存在进一步发展的趋势，应采取相应加固处理措施。

第七章　左安门值房结构安全检测

1. 工程概况

1.1 建筑简况

左安门值房，位于东城区左安门桥东北侧，建于明嘉靖三十二年（1553 年）。单层卷棚顶悬山建筑，面阔五间，进深一间，前带廊，建筑面积约 148.35 平方米。

目前，该结构木梁架多处出现残损，为了解房屋的安全状况，需要对其进行检测，为后续维修改造提供可靠的技术依据。

1.2 现状立面照片

左安门值房北立面结构外观

左安门值房南立面结构外观

左安门值房东立面结构外观

左安门值房西立面结构外观

1.3 建筑测绘图纸

部分建筑测绘图纸见下图。

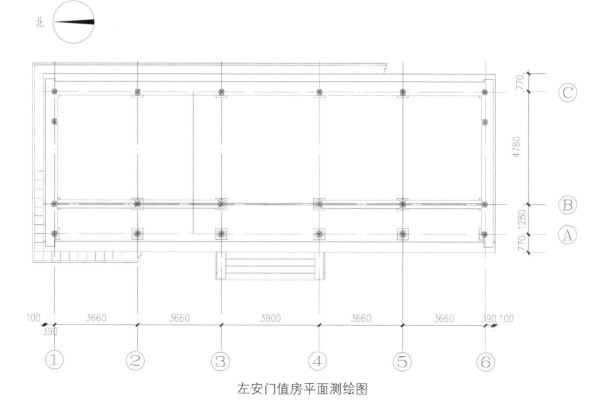

左安门值房平面测绘图

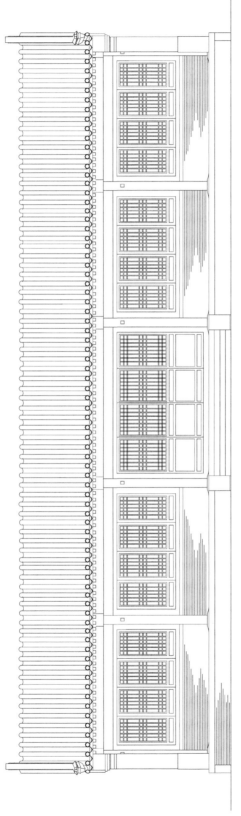

左安门值房西立面测绘图

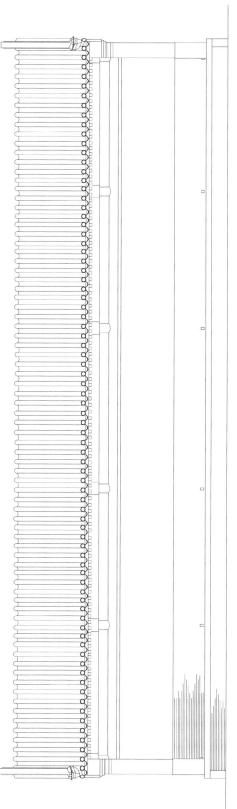

左安门值房东立面测绘图

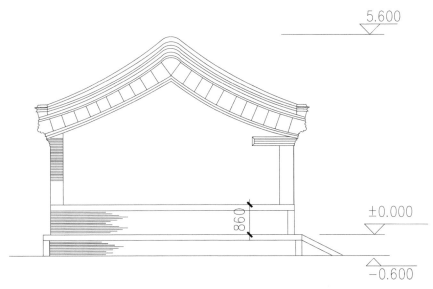

左安门值房北立面测绘图

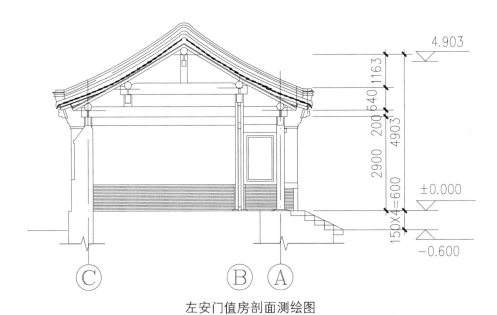

左安门值房剖面测绘图

2. 检测鉴定项目与依据

2.1 检测鉴定内容

外观检查建筑主体结构和主要承重构件的承载状况；查找结构中是否存在严重的残损部位；根据检查结果，评估在现有使用条件下，结构的安全状况，并提出合理可行的维护建议。

2.2 检测鉴定依据

（1）《古建筑结构安全性鉴定技术规范 第 1 部分：木结构》（DB11/T 1190.1–2015）；

（2）《古建筑木结构维护与加固技术规范》（GB 50165–2020）；

（3）《砌体工程现场检测技术标准》（GB/T 50315–2011）；

（4）《建筑结构检测技术标准》（GB/T 50344–2019）；

（5）《砌体结构设计规范》（GB50003–2011）；

（6）《古建筑防工业振动技术规范》（GB/T 50452–2008）等。

3. 地基基础雷达探查

采用地质雷达对结构地基基础进行探查。雷达天线频率为 900 兆赫，雷达扫描路线示意图、详细测试结果见下图。

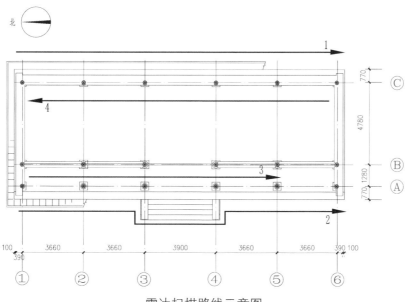

雷达扫描路线示意图

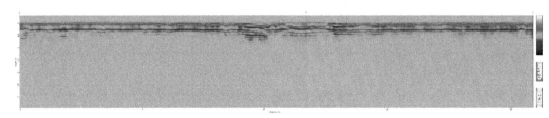

路线 1（东侧室外地面）雷达测试图

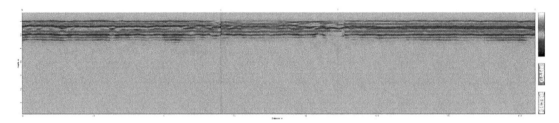

路线 2（西侧室外地面）雷达测试图

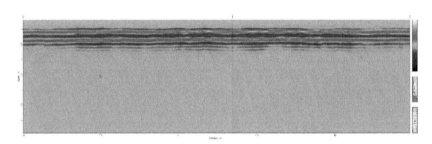

路线 3（西侧外廊内地面）雷达测试图

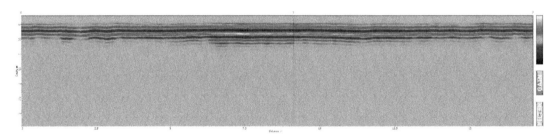

路线 4（室内地面）雷达测试图

由路线 1 及路线 4 雷达测试图可见，东侧室外地面中间部位雷达反射波存在异常，经现场检查，此处存在集水沟，上部有金属篦子；其他部位地面雷达反射波基本平直连续，室内外地面下方未发现存在明显空洞等缺陷。

由于地面无法开挖与雷达图像进行比对，解释结果仅作为参考。

4.振动测试

现场使用 INV9580A 型超低频测振仪、Dasp-V11 数据采集分析软件对结构进行振动测试，测振仪放置在值房 3 轴三架梁上，主要测试结果如下表所示；同时测得结构水平最大响应为 0.22 毫米 / 秒。

结构振动测试表

方向	峰值频率（赫兹）
水平向	11

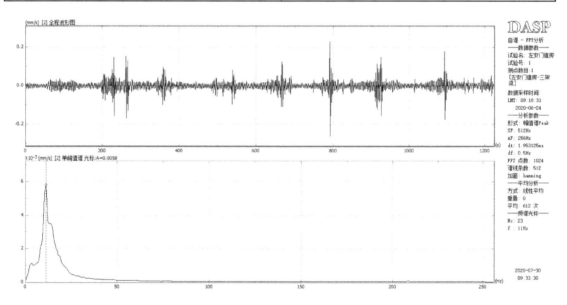

振动频率是由质量和刚度共同决定的，其中，建筑平面体型、墙体布置、结构内部损伤等因素会影响结构的刚度。

依据《古建筑防工业振动技术规范》GB/T 50452-2008，古建筑木结构的水平固有频率为 $f = \dfrac{1}{2\pi H}\lambda_j\phi = \dfrac{1}{2\times 3.14\times 3}\times 1.571\times 52 = 4.34$，结构水平向的实测频率为 11，比计算值偏大，推测是由于本建筑结构东西向长度较长，结构刚度变大，导致结构频率变高。

根据《古建筑防工业振动技术规范》GB/T 50452-2008，对于全国重点文物保护单位关于木结构顶层柱顶水平容许振动速度最高不能超过 0.18 毫米 / 秒～ 0.22 毫米 / 秒，本结构水平最大响应速度为 0.22 毫米 / 秒，基本满足规范限值要求。

5. 结构外观质量检查

5.1 地基基础

（1）经检查，结构未见因地基不均匀沉降而导致的明显裂缝和变形，建筑的地基基础承载状况基本良好。

（2）经检查，阶条石普遍存在风化剥落及开裂现象。

西南侧阶条石风化剥落及开裂

西北侧阶条石风化剥落及开裂

5.2 上部承重结构

对该房屋上部承重结构具备检查条件的构件进行了检查检测，主要检查结论如下。

（1）木梁架存在的主要缺陷情况有：

1）三架梁、五架梁普遍存在开裂现象，部分构件开裂严重；

2）脊瓜柱普遍存在竖向劈裂现象；

3）部分檩、枋、椽等木构件存在开裂现象；

4）1处檩条存在严重糟朽。

（2）部分木柱存在竖向开裂，檐柱普遍存在漆面脱落现象。

上部承重结构主要缺陷详细情况见下表。

上部承重结构主要缺陷统计表

序号	缺陷类型	缺陷描述	缺陷等级
1	木构件开裂－枋	1–2轴（北稍间）之间脊枋斜向开裂，w_{max}=4毫米	b_u
2	木构件开裂－梁、脊瓜柱	1轴（北稍间北侧）三架梁通长水平开裂及脊瓜柱存在竖向开裂，w_{max}=2毫米	b_u
3	木构件开裂－檩	1–2–C（北稍间后檐）金檩端部斜向开裂，w_{max}=5毫米	b_u
4	木构件开裂－脊瓜柱	2轴（北次间北侧）屋架脊瓜柱竖向劈裂，w_{max}=10毫米	b_u
5	木构件开裂－三架梁	2轴（北次间北侧）三架梁水平开裂，w_{max}=5毫米	c_u
6	糟朽－檩	2–3–B轴（北次间前檐）金檩糟朽深度，w_{max}=35毫米	c_u
7	木构件开裂－檩	2–3–C轴（北次间后檐）金檩通长水平开裂，w_{max}=8毫米	b_u
8	木构件开裂－脊瓜柱	3轴（明间北侧）屋架脊瓜柱竖向劈裂，w_{max}=15毫米	c_u
9	木构件开裂－檩	3–4–C（明间后檐）金檩斜向开裂，w_{max}=30毫米，长1.5m	c_u
10	木构件开裂－三架梁	4轴（明间南侧）三架梁通长水平开裂，w_{max}=20毫米	c_u
11	木构件开裂－脊瓜柱	4轴（明间南侧）屋架脊瓜柱竖向劈裂，w_{max}=10毫米	c_u
12	木构件开裂－檩	3–4轴（明间）脊檩水平开裂，w_{max}=18毫米，长1.4米	c_u
13	木构件开裂－三架梁	5轴（南次间南侧）三架梁严重斜向开裂，w_{max}=30毫米	d_u
14	木构件开裂－椽	3–4轴（明间）之间个别屋面椽子开裂	c_u
15	木构件开裂－椽	4–5轴（南次间）之间个别屋面椽子开裂	c_u
16	木构件开裂－脊瓜柱	5轴（南次间南侧）脊瓜柱竖向劈裂，w_{max}=10毫米	c_u
17	木构件开裂－三架梁	6轴（南稍间南侧）三架梁水平通长开裂，w_{max}=20毫米	c_u
18	木构件开裂－枋	1轴（北稍间北侧）东侧穿插枋水平通长开裂，w_{max}=3毫米	b_u

序号	缺陷类型	缺陷描述	缺陷等级
19	木构件开裂－五架梁	2 轴（北次间北侧）五架梁西侧水平开裂，$w_{\max}$=1.5 毫米	b_{u}
20	木构件开裂－五架梁	3 轴（明间北侧）五架梁斜向开裂，$w_{\max}$=15 毫米，深 150 毫米	c_{u}
21	木构件开裂－五架梁	4 轴（明间南侧）五架梁通长开裂，$w_{\max}$=17 毫米，深 110 毫米	c_{u}
22	木构件开裂－五架梁	4 轴（明间南侧）五架梁通长开裂，$w_{\max}$=2 毫米	b_{u}
23	木构件开裂－抱头梁	6 轴（南稍间南侧）西侧抱头梁水平通长开裂，$w_{\max}$=3 毫米	b_{u}
24	木构件开裂－檐檩	3-4-A 轴（明间前檐）檐檩斜向开裂，$w_{\max}$=3 毫米	b_{u}
25	木构件开裂－檐檩	1-2-A 轴（被稍间前檐）檐檩斜向开裂，$w_{\max}$=8 毫米	b_{u}
26	木构件开裂－檐檩	1-2-C（北稍间后檐）轴檐檩斜向开裂，$w_{\max}$=8 毫米	c_{u}
27	木构件开裂－五架梁	3 轴（明间北侧）五架梁东端，$w_{\max}$=8 毫米	c_{u}
28	木构件开裂－柱	3-C（明间后檐北侧檐柱）柱竖向通长劈裂，$w_{\max}$=9 毫米，深 80 毫米	d_{u}
29	木构件开裂－柱	3-A（明间前檐北侧檐柱）轴柱下方竖向开裂，$w_{\max}$=7 毫米，漆面脱落	b_{u}
30	木构件开裂－柱	1-A（北稍间前檐北侧檐柱）轴柱下方斜向开裂，$w_{\max}$=6 毫米	c_{u}

1-2 轴之间脊枋斜向开裂 4 毫米

1 轴三架梁通长水平开裂及瓜柱存在竖向开裂 2 毫米

1-2-C 金檩端部斜向开裂 5 毫米

263

2 轴屋架瓜柱竖向劈裂 10 毫米

2 轴三架梁水平开裂 5 毫米

2-3-B 轴金檩糟朽深度 35 毫米

2-3-C 轴金檩通长水平开裂 8 毫米

3 轴屋架瓜柱竖向劈裂 15 毫米

3-4-C 金檩斜向开裂 30 毫米，长度 1.5 米

4 轴三架梁通长水平开裂 20 毫米

4 轴屋架瓜柱竖向劈裂 10 毫米

267

3-4 轴脊檩水平开裂 18 毫米，长 1.4 米

5 轴三架梁严重斜向开裂 30 毫米

3-4 轴之间个别屋面椽子开裂

4-5 轴之间个别屋面椽子开裂

5 轴瓜柱竖向劈裂 10 毫米

6 轴三架梁水平通长开裂 20 毫米

1 轴东侧穿插枋水平通长开裂 3 毫米

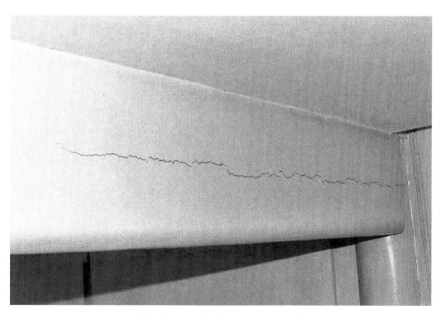

2 轴五架梁西侧水平开裂 1.5 毫米

3 轴五架梁斜向开裂 15 毫米深 150 毫米

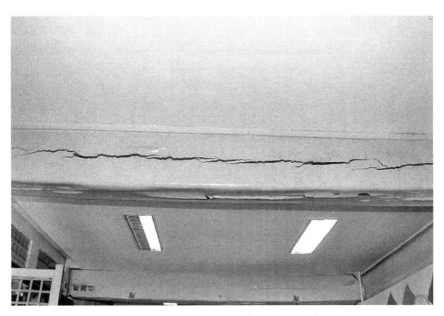

4 轴五架梁通长开裂 17 毫米深 110 毫米

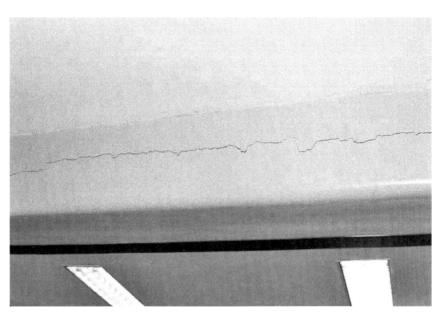

4轴五架梁通长开裂2毫米

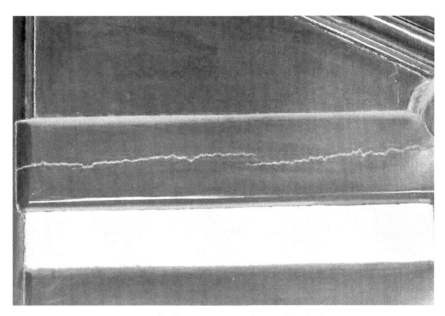

6轴西侧抱头梁水平通长开裂3毫米

3-4-A 轴檐檩斜向开裂 3 毫米

1-2-A 轴檐檩斜向开裂 8 毫米

1-2-C 轴檐檩斜向开裂 10 毫米

3 轴五架梁东端 8 毫米

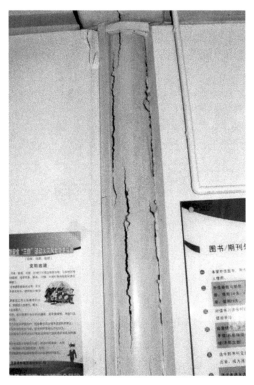

3-C 柱竖向通长劈裂 9 毫米深 80 毫米

3-A 轴柱下方竖向开裂 7 毫米，漆面脱落

1-A 轴柱下方斜向开裂 6 毫米

5.3 围护系统

（1）经检查，东侧围护砖墙上部存在 2 条轻微竖向裂缝。

（2）经检查，东侧围护砖墙面下方局部存在风化剥落现象。

（3）经检查，屋顶两侧博缝板漆面明显脱落。

（4）经检查，屋顶瓦面未发现存在明显缺陷。

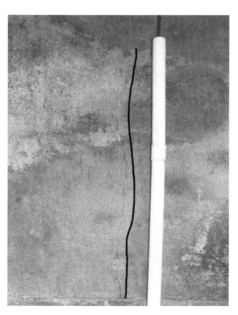

1-2-C 外墙上部竖向开裂 1 毫米，长 1 米

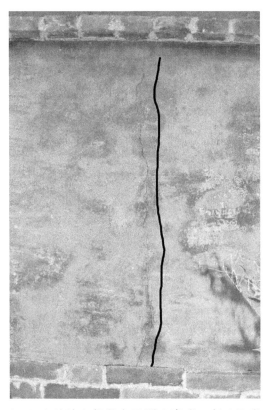

3-4-C 外墙上部竖向开裂 3 毫米，长 1.5 米

墙体下部风化剥落

北侧博缝板漆面脱落

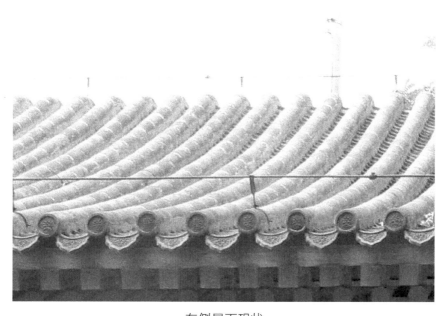

东侧屋面现状

西侧屋面现状

5.4 木材树种鉴定

（1）树种分析结果

树种鉴定按照《木材鉴别方法通则》（GB/T 29894-2013），采用宏观和微观识别相结合的方法。首先使用放大镜观察木材宏观特征，初步判定或区分树种；继而，在光学显微镜下观察木材的微观解剖特征，进一步判定和区分树种；最后，与正确定名的木材标本和光学显微切片进行比对，确定木材名称。经鉴定，送样木材为落叶松（*Larix* sp.）和硬木松（*Pinus* sp.），详细结果列表如下：

木材分析表

编号	构件位置及名称	树种名称	拉丁名
1	左安门值房脊瓜柱新	落叶松	*Larix* sp.
2	左安门值房三架梁老	硬木松	*Pinus* sp.
3	左安门值房脊檩老	落叶松	*Larix* sp.
4	左安门值房脊枋新	硬木松	*Pinus* sp.

（2）树种介绍、参考产地、显微照片及物理力学性质

硬木松（拉丁名：Pinus sp.）：

木材解剖特征：

生长轮甚明显，早材至晚材急变。早材管胞横切面为方形及长方形，径壁具缘纹

孔通常1列，圆形及椭圆形；晚材管胞横切面为长方形、方形及多边形，径壁具缘纹孔1列、形小、圆形。轴向薄壁组织缺如。木射线单列和纺锤形两类，单列射线通常3-8细胞高；纺锤射线具径向树脂道，近道上下方射线细胞2-3列，射线管胞存在于上述两类射线中，位于上下边缘1-2列。上下壁具深锯齿状或犬牙状加厚，具缘纹孔明显、形小。射线薄壁细胞与早材管胞间交叉场纹孔式为窗格状1-2个，通常为1个，具轴向和横向树脂道，树脂道泌脂细胞壁薄，常含拟侵填体，径向树脂道比轴向树脂道小得多。

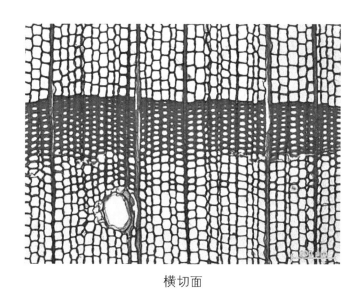

横切面

径切面

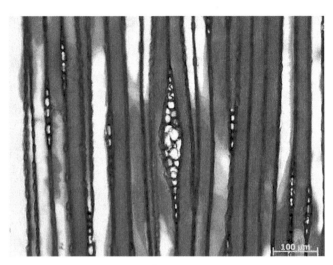

弦切面

树木及分布：

以油松为例：大乔木，高可达 25 米，胸径 2 米。分布在东北、内蒙古、西南、西北及黄河中下游。

木材加工、工艺性质：

纹理直或斜，结构粗或较粗，较不均匀，早材至晚材急变，干燥较快，板材气干时会产生翘裂；有一定的天然耐腐性，防腐处理容易。

木材利用：

可用作建筑、运动器械等。参考马尾松（马尾松：适于作造纸及人造丝的原料。过去福建马尾造船厂使用马尾松做货轮的船壳与龙骨等。目前大量用于包装工业以代替红松，经脱脂处理后质量更佳。原木或原条经防腐处理后，最适于作坑木、电杆、枕木、木桩等，并为工厂、仓库、桥梁、船坞等重型结构的原料。房屋建筑上如用作房架、柱子、搁栅、地板和里层地板、墙板等，应用室内防腐剂进行防腐处理，否则易受白蚁和腐木菌危害。通常用作卡车、电池隔电板、木桶、箱盒、橱柜、板条箱、农具及日常用具。运动器械方面有跳箱、篮球架等。原木适于做次等胶合板，南方多做火柴杆盒）。

参考用物理力学性质（参考地 – 湖南莽山）：

中文名称	密度（克/立方厘米）		干缩系数（%）			抗弯强度（兆帕）	抗弯弹性模量（吉帕）	顺纹抗压强度（兆帕）	冲击韧性（KJ/平方米）	硬度（兆帕）		
	基本	气干	径向	弦向	体积					端面	径面	弦面
马尾松	0.510	0.592	0.187	0.327	0.543	77.843	11.765	36.176	44.394	41.373	31.569	35.294

落叶松（拉丁名：*Larix* sp.）：

木材解剖特征：

生长轮明显，早材至晚材急变。早材管胞横切面为长方形，径壁具缘纹孔 1-2（2列甚多）列；晚材管胞横切面为方形及长方形，径壁具缘纹孔 1 列。轴向薄壁组织偶见。木射线具单列和纺锤形两类：①单列射线高 1-34 细胞，多数 7-20 细胞。②纺锤射线具径向树脂道。射线管胞存在于上述两类射线的上下边缘及中部，内壁锯齿未见，外缘波浪形。射线薄壁细胞水平壁厚。射线细胞与早材管胞间交叉场纹孔式为云杉型，少数杉木型，通常 4-6 个。树脂道轴向者大于径向，泌脂细胞壁厚。

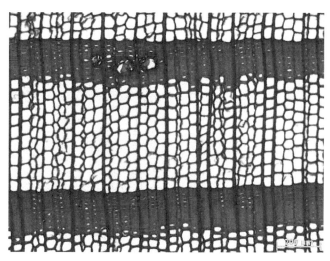

横切面

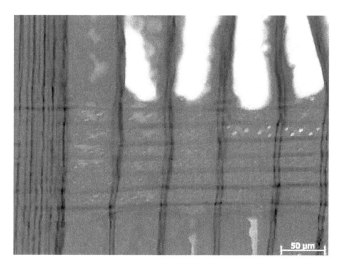

径切面

283

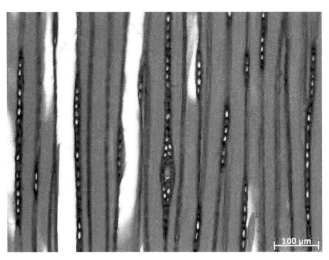

弦切面

树木及分布：

以落叶松为例：大乔木，高可达35米，胸径90厘米。分布在东北、内蒙古、山西、河北、新疆等。

木材加工、工艺性质：

干燥较慢，且易开裂和劈裂；早晚材性质差别大，干燥时常有沿年轮交界处轮裂现象；耐腐性强（但立木腐朽极严重），是针叶树材中耐腐性最强的树种之一，抗蚁性弱，能抗海生钻木动物危害，防腐浸注处理最难；多油眼；早晚材硬度相差很大，横向切削困难，但纵面颇光滑；油漆后光亮性好；胶粘性质中等；握钉力强，易劈裂。

木材利用：

因强度和耐腐性在针叶树材中均属较大，原木或原条比红杉类更适宜做坑木、枕木、电杆、木桩、篱柱、桥梁及柱子等。板材做房架、径锯地板、木槽、木梯、船舶、跳板、车梁、包装箱。亦可用于硫酸盐法制纸，幼龄材适于造纸。树皮可以浸提单宁。

参考用物理力学性质（参考地－东北小兴安岭）：

中文名称	密度（克/立方厘米）		干缩系数（%）			抗弯强度（兆帕）	抗弯弹性模量（吉帕）	顺纹抗压强度（兆帕）	冲击韧性（KJ/平方米）	硬度（兆帕）		
	基本	气干	径向	弦向	体积					端面	径面	弦面
落叶松	－	0.641	0.169	0.398	0.588	111.078	14.216	56.471	48.020	36.961	－	－

5.5 木材材质状况勘察

（1）木材含水率检测结果

经现场勘查，各木构件含水率在 1.5%～4.8% 之间，不存在含水率测定数值非常异常的木构件，其中 A-1（北稍间前檐埋墙檐柱）、A-4（明间前檐南侧檐柱）、C-3（明间后檐北侧檐柱）号柱通过锤子敲击立柱发现轻微空响，应对该立柱进行微钻阻力仪测试。含水率具体检测数据见下表。

左安门值房木构件含水率检测表

序号	木构编号	木构件含水率（0.1米）	木构件含水率（1米）
1	A-1	3.1%	3.0%
2	A-2	2.4%	4.8%
3	A-3	3.6%	3.4%
4	A-4	3.8%	2.5%
5	A-5	3.9%	1.6%
6	A-6	4.3%	3.6%
7	B-2	3.5%	3.4%
8	B-3	3.2%	1.5%
9	B-4	2.3%	2.6%
10	B-5	3.1%	2.4%
11	B-6	–	2.6%
12	C-1	3.4%	2.8%
13	C-2	3.3%	2.9%
14	C-3	3.7%	3.2%
15	C-4	2.4%	2.2%

（2）阻力仪检测结果

通过现场勘查，根据现场木构件的保存情况，选取其中较为典型的立柱进行微钻阻力仪器检测。经检测：左安门值房立柱内部材质强度均较高，未发现明显内部缺陷。

左安门立柱材质状况检测简表

编号	名称	位置	微钻阻力图号	材质状况
1	柱	A-1（北稍间前檐埋墙檐柱）	389	未发现严重残损。
2	柱	A-4（明间前檐南侧檐柱）	393	未发现严重残损。
3	柱	C-3（明间后檐北侧檐柱）	387	未发现严重残损。

　　左安门值房立柱的微钻阻力仪检测结果见下图，对 A-1、A-4、C-3 立柱的材质进行了缺陷情况检测。检测结果表明立柱内部材质强度均较高，未发现明显内部缺陷。

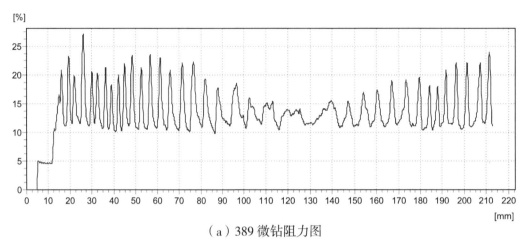

（a）389 微钻阻力图

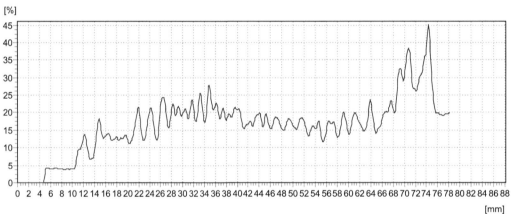

（b）393 微钻阻力图

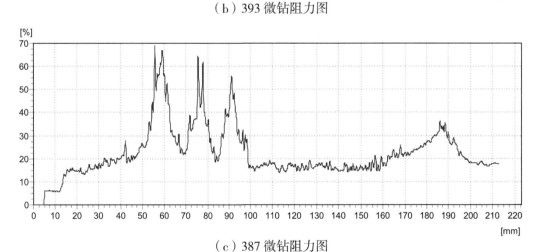

（c）387 微钻阻力图

左安门立柱微钻阻力仪检测结果

5.6 木柱、砖墙局部倾斜测量

现场采用吊锤测量部分木柱及砖墙的倾斜程度，测量高度为 2000 毫米。

（1）木柱倾斜依据北京市地方标准《古建筑结构安全性鉴定技术规范 第 1 部分：木结构》DB11/T 1190.1–2015 第 8.3.4 条进行判定，规范中规定最大相对位移 $\triangle \leqslant H/90$（测量高度 H 为 2000 毫米时，H/90 为 22 毫米）。

根据测量结果，有 1 处木柱（4–C 轴）（明间后檐南侧檐柱）倾斜值不符合规范限值要求。

古建常规做法中，金柱和檐柱一般设置侧脚，会向中间偏移。目前倾斜超限的木柱偏移趋势正常，向中间偏移。

（2）砖墙倾斜依据北京市地方标准《古建筑结构安全性鉴定技术规范 第 1 部分：木结构》DB11/T 1190.1–2015 第 7.3.1 条进行判定，规范中规定单层房屋倾斜量 $\triangle \leqslant H/150$（测量高度 H 为 2000 毫米时，H/150 为 13 毫米）或 $\triangle \leqslant B/6$（墙厚 B 为 590 毫米时，B/6 为 98 毫米）。

根据测量结果，各砖墙测点的倾斜量均符合规范限值要求。

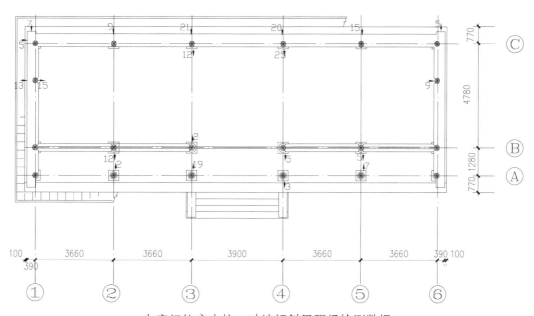

左安门值房木柱、砖墙倾斜量现场检测数据

5.7 台基相对高差测量

现场对房屋四周台明上表面的相对高差进行了测量，高差分布情况测量结果如下图所示。

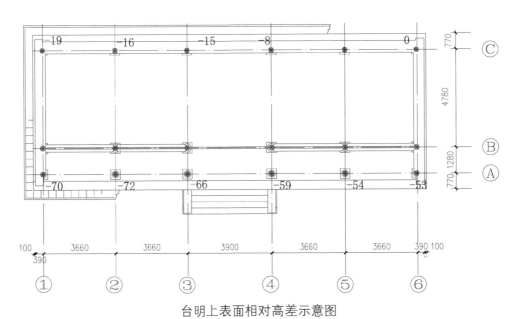

台明上表面相对高差示意图

测量结果表明，房屋四周台明上表面存在一定的相对高差，整体呈南高北低、东高西低的趋势，相对高差最低处与最高处相差 70 毫米，由于结构初期可能存在施工偏差，此部分高差不完全是地基的沉降差，鉴于目前未发现结构存在因地基不均匀沉降而导致的明显损坏现象，可暂不进行处理 B/6。

5.8 梁挠度测量

现场对房屋五架梁下表面的跨中挠度进行了测量，测量结果见下表。

依据北京市地方标准《古建筑结构安全性鉴定技术规范 第1部分：木结构》DB11/T 1190.1–2015 第 7.2.5 条进行判定，规范中规定木梁最大挠度 $w_1 \leqslant L/150$（跨度 L 为 4780 毫米时，L/150 为 32 毫米）。

根据测量结果，4 轴、5 轴五架梁均存在一定的下挠，4 轴五架梁下挠程度最大，为 8 毫米，经现场检查，4 轴五架梁裂缝开裂程度也较为严重，但各梁挠度值均符合规范限值要求。

五架梁跨中挠度测量表

序号	轴线	跨中挠度值（毫米）
1	2–B–C	向上 2.5
2	3–B–C	向上 0.5
3	4–B–C	下挠 8.0
4	5–B–C	下挠 3.5

6. 结构安全性鉴定

6.1 评定方法和原则

根据 DB11/T 1190.1–2015，古建筑安全性鉴定分为构件、子单元、鉴定单元 3 个项目。首先根据构件各项目检查结果，判定单个构件安全性等级，然后根据子单元各项目检查结果及各种构件的安全性等级，判定子单元安全性等级，最后根据各子单元的安全性等级，判定鉴定单元安全性等级。

本次鉴定将委托鉴定的区域列为一个鉴定单元，每个鉴定单元分为地基基础、上部承重结构及围护系统三个子单元，分别对其安全性进行评定。

6.2 子单元安全性鉴定评级

（1）地基基础

经检查，未发现地基基础存在影响上部结构安全的不均匀沉降裂缝和明显变形，因此，本鉴定单元地基基础的安全性评为 Au 级。

（2）上部承重结构

1）构件的安全性鉴定

木构件的安全性等级判定，应按承载能力、构造、不适于继续承载的位移（或变形）、裂缝、腐朽、虫蛀、天然缺陷、历次加固现状等检查项目，分别判定每一受检构件的等级，并取其中最低一级作为该构件的安全性等级。

①木柱安全性评定

1 根木柱存在严重竖向开裂，评为 d_u 级；1 根木柱存在明显竖向开裂，评为 c_u 级；1 根木柱存在轻微竖向开裂，评为 b_u 级；其余柱构件均未发现存在明显变形、裂缝及腐朽等缺陷，均评为 a_u 级。

经统计评定，柱构件的安全性等级为 C_u 级。

②木梁架中构件安全性评定

1 根三架梁严重开裂，1 根金檩严重糟朽，评为 d_u 级；3 根三架梁明显开裂，2 根五架梁明显开裂，3 根脊瓜柱明显开裂，4 根檩条明显开裂、2 根椽子明显开裂，以上木构件评为 c_u 级；另有 11 个木构件存在轻微缺陷，评为 b_u 级；其他木构件未发现存在明显变形、裂缝及腐朽等缺陷，均评为 a_u 级。

经统计评定，梁构件的安全性等级为 D_u 级。

2）结构整体性安全性评定

①整体倾斜

经测量，结构未发现存在明显整体倾斜，评为 A_u 级。

②局部倾斜

经测量，1 根木柱倾斜值不符合规范限值要求，但基本均符合古建常规做法，局部倾斜综合评为 B_u 级；

③构件间的联系

纵向连枋及其连系构件未出现明显松动，构架间的联系综合评为 A_u 级。

④梁柱间的联系

梁柱间联系的拉结情况及榫卯现状基本完好，梁柱间的联系综合评定为 A_u 级。

⑤榫卯完好程度

榫卯材质基本完好，榫卯完好程度综合评定为 A_u 级。

综合评定该单元上部承重结构整体性的安全性等级为 B_u 级。

综上，上部承重结构的安全性等级评定为 D_u 级。

（3）围护系统安全性评定

围护系统主要包括自承重墙体、屋面等构件。

墙体存在 2 处轻微开裂，局部墙面存在风化剥落现象，但未超出规范限值要求，该项目评定为 B_u 级；

屋顶瓦面未发现存在明显缺陷，该项目评定为 A_u 级。

综合评定该单元围护系统的安全性等级为 B_u 级。

6.3 鉴定单元的鉴定评级

综合上述，根据 DB11/T 1190.1-2015《古建筑结构安全性鉴定技术规范 第 1 部分：

木结构》，鉴定单元的安全性等级评为 D_{su} 级，安全性严重不符合本标准对 A_{su} 级的要求，严重影响整体承载，应立即采取措施。

7. 处理建议

（1）建议对存在风化剥落及开裂的台明进行修复处理。

（2）建议对开裂程度相对较大的木构件进行修复加固处理。

（3）建议对存在糟朽的木构件进行修复加固处理。

（4）建议对木柱、博缝板等木构件的漆面进行修复处理。

（5）建议对墙体表面裂缝进行修复加固处理。

（6）建议对存在风化剥落的墙体表面进行修复处理，并采取相应的化学保护措施。

后 记

从检测项目开始，许立华所长、韩扬老师、关建光老师、黎冬青老师给予了大量的支持和建议，居敬泽、杜德杰、姜玲、胡睿、王丹艺、房瑞、刘通等同志，在开展勘察、测绘、摄影、资料搜集、检测等方面做了大量工作。在此致以诚挚的感谢。

本书虽已付梓，但仍感有诸多不足之处。对于北京城垣建筑文物本体及其预防性保护研究仍然需要长期细致认真的工作，我们将继续努力研究探索。至此再次感谢为本书出版给予帮助、支持的每一位领导、同事、朋友，感谢每一位读者，并期待大家的批评和建议。

张 涛

2020 年 8 月 11 日

.